U0301490

A NATURAL HISTORY OF COLEOPTERA

鞘翅目征服地球

BEETLES
甲　虫

[美] 阿瑟·文森特·埃文斯　著

王攀　译

湖南科学技术出版社·长沙

图书在版编目（CIP）数据

甲虫 /（美）阿瑟·文森特·埃文斯著；王攀译 .
长沙：湖南科学技术出版社，2024.9. --（普林斯顿大
学生物图鉴）. -- ISBN 978-7-5710-3106-0

Ⅰ. Q969.48-64

中国国家版本馆 CIP 数据核字第 2024LW1708 号

著作版权登记号：18-2024-175

JIACHONG
甲虫

著　　者：［美］阿瑟·文森特·埃文斯
译　　者：王　攀
出 版 人：潘晓山
总 策 划：陈沂欢
策划编辑：宫　超　乔　琦
责任编辑：李文瑶
特约编辑：林　凌
图片编辑：李晓峰
地图编辑：程　远
营销编辑：王思宇　郑冉钰
版权编辑：刘雅娟
责任美编：彭怡轩
装帧设计：李　川
制　　版：北京美光设计制版有限公司
特约印制：焦文献
出版发行：湖南科学技术出版社
社　　址：长沙市开福区泊富国际金融中心 40 楼
网　　址：http://www.hnstp.com
湖南科学技术出版社天猫旗舰店网址：
　　　　　http://hnkjcbs.tmall.com
邮购联系：本社直销科 0731-84375808
印　　刷：北京华联印刷有限公司
版　　次：2024 年 9 月第 1 版
印　　次：2024 年 9 月第 1 次印刷
开　　本：710mm×1000mm　1/16
印　　张：18
字　　数：309 千字
书　　号：ISBN 978-7-5710-3106-0
审 图 号：GS 京（2024）1210 号
定　　价：98.00 元

CONTENTS
目录

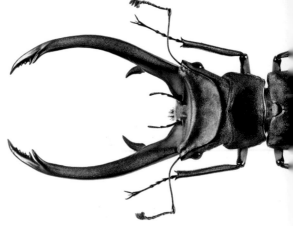

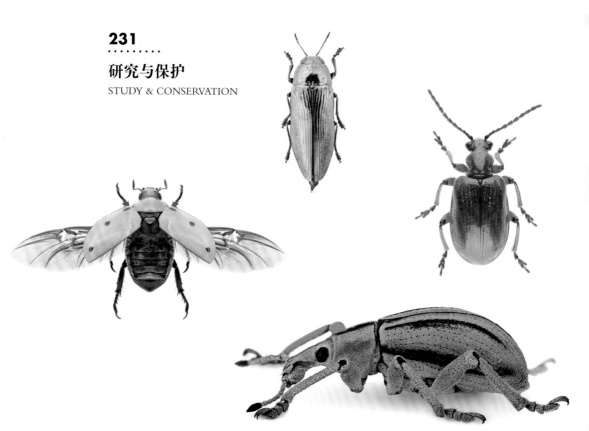

INTRODUCTION
引言

　　我们生活在一个"甲虫的时代"。研究甲虫的科学家预测，科学界已知的鞘翅目昆虫大约有 40 万种。这个数量比所有已知的脊椎动物（鱼类、两栖类、爬行类、鸟类和哺乳类）物种总数的 10 倍多。

　　如果把物种的数量当作衡量的标准，那么甲虫无疑是地球上最成功的生物类群之一。其惊人的多样性归因于它们已经在地球上爬行、挖洞、飞行、游泳及啃食达亿万年之久。最近的研究表明，甲虫很可能起源于石炭纪晚期（3.22 亿—3.06 亿年前）。

　　甲虫的成功可能缘于其古老的身体结构，这种结构使它们既能飞行，又能躲藏在狭小的空间里。甲虫的这些形态适应及其在行为、生理和发育上的特征，都是在漫长的演化过程中逐渐形成的，而这些共同造就了甲虫非凡的多样性。

甲虫的经济意义

　　大部分甲虫几乎没有直接的经济意义，但有少数物种可能会给人类造成巨大的经济损失，也有的种类被认为能带来极大的经济效益。有的甲虫会因肆意侵入人们在储藏室、仓库和博物馆中保存的动植物原料而被认为是害虫，有的甲虫会侵袭人们的花园、损害庄稼或破坏森林。不过也有积极的一面，有些甲虫是另一些农业害虫的重要生物防治剂，还有一些则是开发新技术或新材料的灵感来源。无论是害虫还是益虫，所有甲虫都包含着大量的基因组数据，这些数据可能为探索地球生命的起源提供新的见解。

<< 甲虫，比如图中这只泰国的桑氏金吉丁（*Chrysochroa saundersii*，吉丁虫科），代表了地球上最成功的动物类群之一。它们的成功在一定程度上归因于其身体特征，这些特征使它们能够适应演化过程中以陆地为主的各种生境

甲虫的多样性

这张饼状图展示了当今地球上不同生物类群物种数的预估占比。甲虫约有 40 万种，占已描述的植物、动物和真菌物种总数的近 1/4。

22% 甲虫

18% 植物 / 藻类

13% 其他昆虫

12% 其他无脊椎动物

9% 蝇

8% 蜂

7% 蝴蝶 / 蛾类

6% 其他物种

4% 真菌

1% 脊椎动物

真菌　脊椎动物

其他物种

甲虫

蝴蝶 / 蛾类

蜂

蝇

植物 / 藻类

其他无脊椎动物

其他昆虫

名字有什么含义?

　　古希腊哲学家亚里士多德（Aristotle，公元前384—前322年）把动物分为两个类群：有红色血液的（脊椎动物）和没有血液的（无脊椎动物）。他所指的无血动物包含昆虫、蛛形纲和其他一些非海洋类节肢动物。为了识别昆虫特有的关节结构，他用希腊单词 entomos（意为"切碎"）为其命名。

　　根据口器的类型（咀嚼式或吮吸式），亚里士多德对昆虫进行了进一步细分：具咀嚼式口器、有着变厚的前翅的昆虫，被划分为 Coleoptera（鞘翅目），这个名字由古希腊单词 koleos（鞘）和 pteron（翅）构成。瑞典博物学家卡尔·冯·林奈（Carl von Linné，1707—1778 年）在 1758 年出版的第10 版《自然系统》中纳入了鞘翅目这个词，而这本著作也被当作动物分类学的正式起点。

以武装取胜

与所有昆虫和其他节肢动物（包括甲壳纲、蛛形纲、千足虫、蜈蚣及其他亲缘动物）一样，甲虫被坚硬的外骨骼包裹着，而外骨骼又进一步被划分为不同的体节。这些体节被较为柔韧的铰合部连接在一起，从而能够灵活地活动。

甲虫的外骨骼兼具皮肤和骨骼的功能，而且具有令人惊叹的色彩和图案。世界上最大、最重的甲虫都来自金龟甲家族，包括非洲的巨花金龟甲属（*Goliathus*）、中南美洲的硕犀金龟甲属（*Megasoma*）以及东南亚的巨犀金龟甲属（*Chalcosoma*）。大泰坦天牛（*Titanus giganteus*，属于天牛科，Cerambycidae）是世界上最大的甲虫之一，体长可达12—20厘米。尽管体形巨大，但除了成虫有时会被灯光吸引这一特性，人们对它几乎一无所知。而中南美洲的穆微瘿甲（*Scydosella musawasensis*，属于缨甲科，Ptiliidae）体长只有0.325毫米，可以在大泰坦天牛头部大小的空间内舒适地度过一生。微瘿甲属的甲虫不仅是世界上最小的甲虫，也是世界上最小的非寄生性昆虫。

◀◀ 印尼金锹甲（*Lamprima adolphinae*）是一种生活在新几内亚岛的锹甲。图中为雄性锹甲，它那巨型的上颚可以用来切割植物以取食植物汁液，也可以抵御其他雄性锹甲的攻击

▶▶ 南美洲的大泰坦天牛是世界上最大的甲虫之一。尽管体形巨大，但人们对它们的生理习性几乎一无所知

哪里能找到甲虫

除了海洋、贫瘠的高山和永冻的极地冰盖，在地球的每个角落都能找到甲虫。林地、森林、草原、沙漠和苔原中各种不同的小型生境中，都栖息着独特的甲虫物种群落。

寻找甲虫的最佳地点，是那些没有使用杀虫剂、有着多样化本土植物的潮湿生境。如果想在家中的后院、花园、公园和其他地方寻找甲虫，那可以尝试关注以下这些地方。

❧ 几乎所有的锹甲科（Lucani-dae）物种都与朽木息息相关，它们会以幼虫的形态在长满真菌的朽木里生活数年

在活的植物上，如灌木和乔木

开花的非禾本科草本植物、藤本植物、灌木和乔木等对吉丁虫科（Buprestidae）、花萤科（Cantharidae）、天牛科、芫菁科（Meloidae）、花蚤科（Mordellidae）、露尾甲科（Nitidulidae）、金龟科（Scarabaeidae）的甲虫来说特别有吸引力。观察这些植物的果实、种荚、雄球果、虫瘿、叶片或根，也许就能找到栖息在其表面或在组织内部挖洞的甲虫。此外，树干上流淌的汁液也会吸引甲虫前来取食。

在腐朽的树枝、原木或树桩里

甲虫的成虫和幼虫生活在枯死或垂死树木的树皮下或者蛀道中。在找完甲虫后，记得要把树皮放回原处。刚刚被砍伐或近期被烧过的木材除了会吸引蛀干昆虫，还会引来吉丁虫、天牛，以及象甲科（Curculionidae）的树皮小蠹和食菌小蠹等。

在真菌、苔藓和地衣中

在甲虫类群中，有少数几个科的物种仅以真菌或非维管束植物为食。用口袋放大镜观察马勃菌、蘑菇和层孔菌，就可能找到这些菌食性甲虫，以及捕食其他昆虫的隐翅虫科（Staphylinidae）和阎甲科（Histeridae）的甲虫。

➤➤ 花萤科甲虫经常出现在花朵上，它们以花粉和花蜜为食。其天鹅绒般柔软的幼虫通常在夜间活动，在树皮下或岩石、原木下的潮湿土壤中生长发育。它们捕食蚯蚓、蛞蝓、毛虫和其他身体柔软的无脊椎动物

人 一些甲虫及其幼虫，比如图中这些金龟子的幼虫，通常会出现在岩石和原木下。这些金龟子幼虫通常以植物的根为食

>> 捕食性甲虫及其幼虫经常会在落叶或腐烂的植物堆中寻找猎物。这种盔步甲属（*Galerita*）的步甲幼虫能在地面上敏捷地移动，利用其锋利且细长的上颚来捕食其他昆虫

在岩石、原木及其他碎屑物之下

步甲科（Carabidae）和拟步甲科（Tene-brionidae）的甲虫习惯藏身于地面上的物体之下，特别是在池塘、湖泊、溪流、河流及其他湿地周围的草地生境中。请在观察完毕后将这些物体放回原位，以保护栖息地。

在落叶堆中

在乔木和灌木下的落叶堆中，以及堆肥和腐烂植被的堆积物中，滋养了许多肉食性、菌食性和腐食性的甲虫。仔细搜索这些物质，便能发现它们。

在池塘和溪流中

龙虱科（Dytiscidae）甲虫喜欢在开阔水域的碎石底部活动，也爱隐藏在水下物体的下面，而牙甲科（Hydrophilidae）、沼梭科（Haliplidae）、溪泥甲科（Elmidae）和泥甲科（Dryopidae）的甲虫会在水下植物的周围游泳、在藻类上爬行，或依附在岩石和原木下方。豉甲科（Gyrinidae）甲虫则是会单独或成群地生活在各种静水水面上。

⌄ 许多水生甲虫，比如图中这只流线型的龙虱属（*Dytiscus*）潜水甲虫，都演化出特化的足，其功能类似于桨，有助于它们在水中的前进

在海岸线和海滩上

步甲科、虎甲科（Cicindelidae）、隐翅虫科和长泥甲科（Heteroceridae）的甲虫常见于沙质海岸线或泥质海岸线，隐翅虫科、蚁形甲科（Anthicidae）和象甲科的一些物种则生活在腐烂的海藻和海草堆下。红金龟科甲虫（Ochodaeidae）会在海岸沙丘上的草等植物的底部钻洞，只在天气凉爽时才短暂出现在地表。

在腐肉和粪便里

葬甲科（Silphidae）的葬甲属（Silpha）

和覆葬甲属（Nicrophorus）物种通常是在动物死后最先到达的甲虫。其次是皮蠹科（Dermestidae）和郭公虫科（Cleridae），这些虫子更喜欢干燥的组织。以角蛋白为食的皮金龟科（Trogidae）甲虫会啃食剩下的羽毛、皮毛或蹄的碎片。最引人注目的粪食性甲虫来自粪金龟科（Geotrupidae）和金龟科。隐翅虫和阎甲通常取食腐肉和粪便。

在灯光下

夜行性甲虫和其他一些夜行性昆虫被认为能利用星星、月亮和其他遥远的自然光源

进行导航。而人造光源会让这些昆虫感到困惑，它们必须不断调整飞行路径，以更紧密的螺旋路线飞向光源。一旦暴露在光下，这些昆虫就会切换到昼间模式并开始休息。夜晚时门廊、店铺的灯光和其他光线充足的场所，对夜行性甲虫特别有吸引力。带有强紫外成分的灯光，如蓝汞蒸气灯，对它们也极具吸引力。

﹀ 隐翅虫科的甲虫在腐烂的海藻、动物尸体或新鲜的有蹄类动物粪便里寻找卵、幼虫和其他小昆虫。分布于欧洲西部的小锐胸隐翅甲（*Ontholestes murinus*）常见于动物的尸体上

<< 金斑虎甲（*Cicindela aurulenta*）及其亚种是印度-马来亚地区沙地生境的常客，尤其是在沙质海岸线和沙质河岸边十分常见

>> 皱鞘媪葬甲（*Oiceoptoma thoracicum*）栖息在亚欧大陆的林地中，会在鸟类和小型哺乳动物的尸体附近产卵，其成虫和幼虫主要以其他食腐昆虫的幼虫为食

甲虫对过去和现代文化的影响

　　几个世纪以来，甲虫以其令人眼花缭乱的形态、色彩和行为，成为许多神话故事的素材，也成为工匠、手工艺人、作家和各种流行文化传播者的灵感来源。甲虫的形象曾出现在岩画、花瓶、瓷雕、宝石、油画、雕塑、饰品、硬币和插图手稿上。因其外骨骼坚韧，甲虫长期以来还在世界各地被用作饰品来装饰各种物品。

　　古埃及人对滚粪球的金龟子很着迷，并将这些甲虫的活动诠释为自己世界的缩影。圣甲虫（ *Scarabaeus sacer*，中文正名圣蜣螂）的形象在古埃及随处可见。古埃及早期的象形文字将凯布利神描绘成一只托起太阳的圣甲虫。太阳神拉的形象也是一只巨大的圣甲虫，他每天像甲虫滚粪球一样推动太阳划过天空。圣甲虫的形象还被用于珠宝和官方印

>> 右一：阿尔布雷希特·丢勒（Albrecht Dürer，1471—1528年）是德国的一名画家和雕塑家，其著名的锹甲水彩画绘于1505年。在文艺复兴早期，甲虫作为艺术品的主题是前所未有的，因为它们和其他昆虫被认为是最低等的生物

>> 右二：受伦敦动物学会委托，温迪·泰勒创作了这件栩栩如生的"蜣螂"青铜雕塑，现被放置在摄政公园的伦敦动物园内

章上。雕刻有圣甲虫的作品通常带有宗教铭文，或是对好运、健康和生活的简单祝愿。心脏圣甲虫被放置在木乃伊的胸部附近，其上刻有铭文，以告诫心脏不要在审判日做出不利于主人的证言。

一些学者认为，古埃及人了解圣甲虫变态发育的过程。在被掩埋的粪球里，圣甲虫的成虫从木乃伊般的蛹中破蛹而出，如同重生。这可能启发了古埃及人在地下墓室中制作木乃伊，希望能以此获得永生。

人们对圣甲虫的迷恋至今仍在继续，它们被描绘成漫画中的超级英雄或电影中虚构的恐怖食人虫。1999年，伦敦动物学会委托温迪·泰勒（Wendy Taylor）创作了一件气势非凡的"蜣螂"（Dung Beetles，俗称屎壳郎）青铜雕塑，并将其放置在位于英国摄政

<< 古埃及人将圣甲虫视为复兴和重生的象征，并将其纳入象形文字中，意味着提供保护，并传递生长、效率、存在和表现等积极的思想

公园的伦敦动物园中，就在"生物多样性支撑全球生存"（简称B.U.G.S.）展览的外面。

各种大型甲虫的头部、角、颚和足等，长期以来被用于制作头饰、项链和耳环。吉丁虫金属般的鞘翅就是颇受欢迎的制作材料。活体甲虫有时也被用作装饰品。在加勒比地区有一种能够生物发光的叩甲，属于叩甲科（Elateridae）萤叩甲属（Pyrophorus），也被称为"头灯甲虫""火甲虫"。这种甲虫在历史上的用途颇具传奇色彩，其中之一是被放在纱布袋内，并固定在人的衣物或头发上，作为夜晚聚会的发光装饰物。

在被用作活体珠宝的甲虫中，最有名的要数一种栖息于墨西哥南部至委内瑞拉一带的智利幽甲（Zopherus chilensis，属于幽甲科，Zopheridae）。在墨西哥的尤卡坦，这些外骨骼极为坚韧的甲虫被称为"ma'kech"，人们会将它们固定在一根小链条上，作为胸针佩戴。

被视为害虫的甲虫

植食性的甲虫在分解和循环利用植物体的营养物质方面至关重要，它们还能通过吃掉植物的生殖器官和营养器官，来控制植物种群的数量。然而，当这些昆虫的活动转向观赏植物、景观植物、农作物、林业木材或木制品时，其危害对经济的影响会是巨大的。

虫害造成的生产损失、货物受损、树木死亡以及水源区和景观的破坏，都会带来灾难性的经济损失，而对其进行防治的费用则使损失进一步加剧。

蛛甲科（Ptinidae）的报死材窃蠹（*Xestobium rufovillosum*）和长蠹科（Bostrichidae）的甲虫通常会钻入干燥的木材中，可能对木雕、木制家具、木地板等造成严重破坏。树皮小蠹和食菌小蠹经常入侵森林中和城市街道的树木，它们通常集中在新近死亡、受伤

↙ 日本弧丽金龟在原产国被列为次要害虫。而自1916年在新泽西州发现以来，该物种已成为在美国东部许多地区造成严重危害的园艺和农业害虫

↘ 树皮小蠹，如图中的根小蠹属（Hylastes）物种，对森林和林地来说是必不可少的，因为它们有助于分解枯木。但在长期干旱的时期，这些甲虫在林场的大暴发可能会导致树木死亡，从而造成重大的经济损失

或被砍伐的树木上，抑或是遭受干旱或水涝的树木上。还有一些甲虫会破坏果园中果树和坚果类树木的根和枝条。这些甲虫和其他蛀干甲虫会在蛀木过程中破坏树木运输水分和养分的能力，使其更易被真菌感染。

入侵物种

非本土的甲虫，也被称为非原生甲虫或外来甲虫，是指被无意或有意引入到远离其原产地的新栖息地的物种。在原产地之外，由于没有相应的天敌、病原体或寄生虫，这些物种的数量可能会不受控制地增长，从而成为新栖息地的害虫，被视为入侵物种。北美洲最臭名昭著的甲虫入侵物种，有 3 种来自东亚地区。

日本弧丽金龟（Popillia japonica）在其原产地日本被认为是次要害虫，但在北美洲东部，它们是对园艺和农业危害极大的害虫。其成虫以植物的花、果实、叶片为食，影响了 300

多种观赏和景观植物、园艺作物以及商业种植的水果和蔬菜；幼虫则会啃食草坪的草和其他植物的根，经常造成严重的破坏。1916年，人们在美国新泽西州的一个苗圃中首次发现这种甲虫，很可能是由于此前几年从日本进口鸢尾时意外引入了日本弧丽金龟的幼虫。

由于幼虫很容易随着植物的根部和土壤一起运输，而会飞行的成虫则可能"搭乘"飞机、火车和汽车，这种甲虫对北美洲西部的农业构成了严重威胁。目前，它们基本被拦截在西部地区而未再向东扩散，一些孤立的小规模种群已经或正在被根除。1970年，人们在葡萄牙亚速尔群岛的特塞拉岛（Terceira Island）发现了日本弧丽金龟，这是欧洲首次发现该种。随后，该种的种群陆续扩散到意大利（2014 年）和瑞士（2017 年），它们已经很好地适应了日本以外的气候条件。随着气候变化，美国农业部担心这种甲虫会在世界其他温带地区持续扩散。

➤➤ 白蜡窄吉丁在北美洲"杀死"了数百万棵梣属树木，导致当地的业主、市政局、苗圃和森林产品行业的经济损失达数亿美元。美国农业部等监管机构已实施强制隔离，来防止木柴和其他可能受感染的白蜡树制品将这种吉丁虫传播到新的地区

➤↰ 美国科罗拉多州的马铃薯叶甲已成为西欧地区的害虫。该物种可能是第一次世界大战期间，美国在西欧建立军事基地时被引入的

原产于中国和韩国的光肩星天牛（*Anoplophora glabripennis*），如今也已在北美洲东部的几个地区占据了一席之地，包括加拿大的安大略省南部，美国的新泽西州、伊利诺伊州东北部、俄亥俄州和南卡罗来纳州等。这些天牛的幼虫会在树木里不断蛀道，破坏并杀死城市和森林中原本健康的阔叶树，对数以百万计的行道树和公园树木产生威胁，还影响了当地的枫糖浆产业。尽管该物种的成虫于 1996 年才在纽约被首次报道，但其幼虫可能是跟随十年以前包装重型设备的未经处理的木材被引入的。要根除它们，需要砍伐、削剪和焚烧成千上万棵树木。自 2001 年以来，光肩星天牛已经在欧洲的至少 11 个国家建立了种群。近年来，由于广泛种植

易受甲虫攻击的杨树杂交种，光肩星天牛在中国的分布范围也有所扩大。

白蜡窄吉丁（*Agrilus planipennis*）原产于亚洲东北部，很少会对当地树木造成重大危害。在北美洲，该物种于 2002 年夏天在美国密歇根州的底特律和加拿大安大略省的温莎首次被发现，它们很可能是在 20 世纪 90 年代初从东亚地区进口的木质包装材料中被引入的。现在该物种已经遍布北美洲东北部和中西部北部的大部分地区，"杀死"了数百万棵梣属（*Fraxinus*）树木，而这些树种是重要的行道树，还能用于制作家具、工具木柄和棒球棒等。目前人们采取了多种措施来控制白蜡窄吉丁的传播，其中就包括禁止木柴运输等隔离措施；还有几种寄生蜂和昆虫

致病真菌也是用于生物防治的潜在手段。

　　虽然北美洲的许多害虫来源于亚洲或欧洲，但潜在害虫从一个地区到另一个地区的引入是双向的，一些北美洲本土的甲虫也已成为其他大陆的害虫。比如，马铃薯叶甲（*Leptinotarsa decemlineata*，属于叶甲科，Chrysomelidae）是一种原产于美国西南部、邻近墨西哥的物种，以当地的茄科植物为食。随着美国农业的发展，马铃薯这种原产于南美洲的茄科作物在美国得到了广泛种植。到了 19 世纪 50 年代中期，马铃薯叶甲已经对马铃薯作物"产生兴趣"，并在加拿大南部和美国大部分地区广泛传播。

　　19 世纪 70 年代，美国农业部官员曾警告欧洲同行这些甲虫对马铃薯作物所造成的危害，但无济于事。19 世纪后期，欧洲爆发了多起马铃薯叶甲疫情。到了第一次世界大战期间，马铃薯叶甲在建于法国的美国军事基地附近建立起种群，并在第二次世界大战期间及之后迅速传播到欧洲大部分地区。由于无法有效控制这种害虫，德意志民主共和国（俗称"东德"）政府于 1950 年发起了一项宣传计划，试图让人们相信是美国的飞机将这些被称为"Amikäfer"或"美国甲虫"（Yankee beetles）的昆虫低空抛撒，蓄意破坏他们的马铃薯作物。

有益的甲虫

生物防治涉及利用害虫的天敌（捕食者、寄生虫、食草动物和病原体等）来抑制害虫，而不是仅仅依靠可能对动植物生存产生不利影响的杀虫剂来达到目的。

现代生物防治的兴起得益于美国加利福尼亚州防治吹绵蚧（*Icerya purchasi*，绵蚧科，Monophlebidae）所做出的努力，这种原产于澳大利亚的昆虫严重破坏了加利福尼亚州新兴的柑橘产业。当时的昆虫学家被派往澳大利亚寻找吹绵蚧的天敌。几种澳大利亚的瓢虫被送往加利福尼亚州并放生，用以对抗这一柑橘的害虫。澳洲瓢虫（*Rodolia cardinalis*，瓢虫科，Coccinellidae）因"拯救"了加利福尼亚州的柑橘产业而备受赞誉，这种用天敌控制害虫的方法在当时也被誉为科学奇迹。时至今日，澳洲瓢虫仍在持续"帮助"控制吹绵蚧的种群数量。

第二次世界大战后，合成农药工业的发

↙ 澳洲瓢虫的成虫和幼虫能捕食有害的吹绵蚧。吹绵蚧是一种全身覆盖棉状蜡的吸食树汁的小型昆虫。19世纪80年代，美国从澳大利亚引进澳洲瓢虫，不仅挽救了加利福尼亚州的柑橘产业，也标志着现代生物防治的开始

↘↘ 美国引入的辉煌伞象甲已被证实在削弱柽柳种群方面非常成功。长期以来，美国西部的河岸生境长满了柽柳，令人窒息

展与成功使生物防治剂退居二线。蕾切尔·卡森（Rachel Carson）在其《寂静的春天》（Silent Spring，1962 年）一书中谴责了杀虫剂的使用，随着这本书的流行，人们重新拾起了对生物防治的兴趣，这让许多其他瓢虫物种也被引入美国。然而新物种的引入有利有弊，比如颜色多样的亚洲瓢虫——异色瓢虫（Harmonia axyridis）在美国就被视为公害，而非有益的物种。这些新引入的瓢虫还可能导致北美洲一些本土瓢虫的种群数量减少，不过这一点仍需要进一步的研究。

应对柽柳

将甲虫作为生物防治物应用在野外的做法，被称为保护性生物防治。例如，在过去200 年间，人们在美国西部广泛种植了从亚洲引入的柽柳（柽柳属，Tamarix）；20 世纪初，柽柳在各类河岸栖息地迅速扩张，随之而来的是密西西比河以西地区的杨-柳树林、牧豆树林和其他原生植物群落的锐减。柽柳成为优势种，不仅取代了当地的植物群落，还使当地的水源变少、土壤盐分增加，野生动物的栖息地变得贫瘠。

为了恢复这些被柽柳侵占的河岸生境，昆虫学家调查了数百种仅以柽柳为食的植食性昆虫。这一调查帮助人们锁定了几种甲虫，包括辉煌伞象甲（Coniatus splendidulus）和红柳粗角萤叶甲（Diorhabda carinulata）。尽管红柳粗角萤叶甲在削减柽柳的树冠方面非常有效，但这种保护性生物防治计划很快就引发了争议——当地杨树和柳树种群的恢复进展非常缓慢，人们开始担心美国濒危鸟类——纹霸鹟的亚种（Empidonax traillii extimus）的巢会因缺少遮挡而暴露在高温环境中，其被捕食的

❧ ❭❭ 皮蠹属物种的成虫和幼虫能协助博物馆工作人员清理动物的骨骼。它们小巧、灵活且贪婪，能够清除骨骼上的最后一块肉，因而有助于人类的研究、展览和教育项目

概率也会增加。这些矛盾凸显了政府与私人机构合作的重要性，人们需要制定并实施能广泛适用的、以科学为基础的监测协议，综合评估多个关键参数，包括土壤、水动力、野生动物栖息地的利用和栖息地恢复等。

肉食性甲虫

1999 年的电影《木乃伊》里所描绘的肉食性金龟子，其实仅仅是好莱坞的"魔法"，完全是由电脑制作而成的。但早在这些电影虚构的甲虫出现之前，博物馆馆员就已经利用真正的肉食性甲虫来协助他们清理骨骼类的藏品，以供研究和展览了——他们将皮蠹属（*Dermestes*）的种群保存在环境条件被严格控制的安全空间中，以确保它们不会逃离或损害标准样本 / 藏品。当给这些甲虫喂食

时，工作人员会先剥去新鲜的动物尸体的皮，并尽可能地去除肌肉，再将其放在架子上晾干，这是因为皮蠹更喜欢啃食硬硬的、像肉干一样的组织。如果把一只小鸟或小型啮齿动物的尸体放入装满饥饿皮蠹的容器中，一夜之间就能被清理干净，而大型动物的尸体则需要花费几天或几周的时间。皮蠹幼虫可以完成骨骼清理的大部分工作，与其他清理骨骼的方法相比，它们的效率更高，也更干净。在这种充满恶臭的空间里工作，胆小的人可无法胜任！

用于救援的蜣螂

澳大利亚本土的蜣螂类群主要适应于分解有袋动物产生的细小的纤维型粪便，它们基本上不会理会牛排泄的大块且多汁的粪

便。而新鲜牛粪是有害的窄额家蝇（*Musca vetustissima*）的繁殖场所，当牛粪变干燥，会使牧场的生产力下降：牛不爱吃的难闻的杂草会在干牛粪周围发芽，使牧场中可用作饲料的牧草数量减少。

为了抑制窄额家蝇的增多和适口草料的减少，昆虫学家乔治·博尔奈米绍（George Bornemissza）于 1966 年启动了"澳大利亚蜣螂项目"，该项目的任务是从生活在世界各地相似气候区的蜣螂中选取特定种类引入澳大利亚。栖息在南非的蜣螂是理想的候选者，因为它们适应了与澳大利亚相似的亚热带气候。澳大利亚在引进这些甲虫时采取了严格的检疫措施，以避免混入寄生虫和其他牲畜害虫。蜣螂的第一次大规模释放是在 1967 年，到 1985 年，澳大利亚已经释放了 40 多种蜣螂。如今已经有 20 多种蜣螂在澳大利亚成功建立了种群。

澳大利亚蜣螂项目于 1986 年结束，但人们对利用这些蜣螂的热情仍然十分浓厚，蜣螂生态系统工程师正努力扩大这些甲虫在澳大利亚的分布范围。非洲的蜣螂也被引入新西兰和新大陆，并成为已经适应胎盘类哺乳动物粪便的本土物种的竞争者。

美味的甲虫

几个世纪以来，世界各地都会有人食用昆虫，因为它们是碳水化合物、脂肪、蛋白质、矿物质和维生素的重要来源。虽然在西方文化中并不常见或被列为禁忌，但在北美洲和欧洲以外的地区，食用昆虫是很普遍的。

随着动物蛋白的生产成本增加，人们对可持续农业越来越感兴趣，把甲虫和其他昆虫作为食物的呼声前所未有的高。全世界有 300 多种甲虫及其幼虫被当作食物。黄粉虫（*Tenebrio molitor*，又名面包虫）、各种犀金龟和棕榈象甲属(*Rhynchophorus*)甲虫的幼虫是备受推崇的食用类甲虫：先用盐和各种香料调味，再进行烘烤、油炸、火烤或熏烤。图中展示的是在厄瓜多尔一个传统食品市场上被串烤的棕榈红鼻喙隐喙象甲（*Rhynchophorus phoenicus*）幼虫。

在北美洲和欧洲，为了使甲虫食用起来更加可口，人们会将干燥的黄粉虫磨成粉，用于烘焙。黄粉虫粉富含蛋白质，其含量是牛肉中蛋白质含量的两倍多，在制作过程中只需要少量的水，而且几乎不会产生温室气体。

重要的甲虫

甲虫惊人的多样性，证明了其在演化上的成功，再加上它们无处不在的特点，使其成为提高环保意识的完美形象大使。更深入地了解甲虫是非常有意义的，这能加强我们与自然世界的联系。

甲虫在千百万年来的演化过程中，不仅要适应气候的变化，还要不断应对生活中遇到的各种危险。因此对人类来说，甲虫的身体、行为和防御性分泌物都具有巨大的科学、医学、技术和营养潜力。此外，研究甲虫不仅可以为人类所面临的挑战提供启示，甚至还可以解答那些我们尚未想到的问题。简而言之，我们需要甲虫，不仅是因为它们的生态功能，还因为它们能够激发人们在美学、科学和技术领域的灵感。

> ︽ 甲虫的形态和颜色的多样性令人震惊。这种栖息在南非南开普地区的带有华丽金属光泽的绿腿土吉丁（*Julodis viridipes*）就是最好的证明

> ≪ 芫菁，如坦桑尼亚的这种沟芫菁（*Hycleus lugens*）会产生斑蝥素。长期以来，人们一直从特定的芫菁中提取这种会令人起疱的防御性化合物，用于民间和传统医学。局部使用斑蝥素被广泛用于治疗各种皮肤疾病，包括由人乳头瘤病毒和传染性软疣病毒引起的疣

接下来的章节配图丰富，将展示甲虫的迷人生活。每一章都分别介绍了9个精选物种，以突出该章的主题。阅读本书，可以让你对看似陌生的甲虫世界变得熟悉，甚至从熟悉变为珍视。

STRUCTURE & FUNCTION
结构和功能

甲虫的身体结构

对大多数人来说，甲虫是一种既熟悉又陌生的动物。它们的眼睛非常大（相对其体形），不会眨眼，且具有多面的视野；颚部可以左右分工。和其他昆虫一样，甲虫也被坚硬而又复杂细分的外骨骼保护着，因此拥有良好的机动性。甲虫展现出丰富的形态和颜色，高度特化的身体使它们能够在多种陆地和淡水生境中生存和繁衍。

>> 生活在北美洲东部的囊黑毛窃蠹
（*Trichodesma gibbosa*）身上披着密密
麻麻的刚毛。这些颜色暗淡的毛状结
构使它看起来不太像甲虫

∨ 欧洲的雄性天蓝单爪鳃金龟
（*Hoplia coerulea*）以其明亮的蓝紫
色虹彩结构色而闻名。其背部覆盖着
鳞片，这些鳞片由几丁质板堆叠而
成，几丁质板上支撑着平行小杆排列
而成的阵列，形成类似于光子晶体的
结构，能够让某些特定波长的光子通
过，所有这些都被包裹在一个流体可
渗透的包膜内。当空气湿度较大时，
这些鳞片的蓝紫色金属光泽会变成
绿色

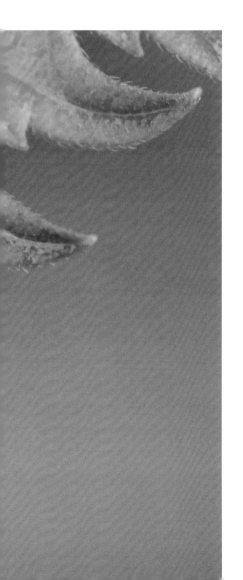

外骨骼

　　甲虫的外骨骼轻且坚韧，能保护虫体免受
外界的伤害。外骨骼兼具皮肤和骨骼的功能，
它能将甲虫与环境连接，同时保护甲虫的内部
器官，并为其强大的肌肉提供支撑。外骨骼
的外层或称表皮是由下层的真皮分泌形成的，
由几丁质（也称"甲壳质"）和蛋白质组成。

　　甲虫的外骨骼有的表面光滑有光泽，也
有一些因为具有类似人类皮肤的微小裂纹网
络而显得暗淡无光。外骨骼表面通常具有不同
程度的小坑或小孔，每个小坑或小孔有时都
会带有一根刚毛。这些刚毛细似毛发，或尖
锐扎人，或扁如鳞片；有时会非常密集，以
至于可以完全覆盖外骨骼。还有一些颗粒状
的外骨骼，其表面由许多小的、明显隆起的
圆形瘤状突起组成，类似于篮球表面的纹理。

　　外骨骼被分为三个功能性身体区域（头
部、胸部和腹部）和附肢（触角、口器和足
等），它们由明显或不明显的骨片组成，这些

<<　叶甲科的金梳龟甲（*Aspidimor-pha sanctaecrucis*）分布于东南亚地区，它那闪亮的金色鞘翅周围有一圈宽阔、半透明的镶边，能帮助其隐藏于宿主植物上，不易被察觉

⋏　雄性长戟犀金龟（*Dynastes her-cules*）的头部和前胸长着强劲有力、相对的钳状角，可以作为与其他雄性进行短暂战斗的武器。其胸角下侧长有密集的缘毛，人们认为这能增加摩擦力，有助于抓住其他雄性光滑的圆形表面

骨片由几丁质膜片连接在一起，或由窄沟状的缝分隔。这些特征就像中世纪骑士盔甲的关节和接板，为甲虫提供了更大的灵活度。

表皮的颜色要么是色素性的，要么是由其表面和内部结构的物理性质引起的。绿色和黄色通常来源于甲虫植物性食物中的色素，在甲虫死后很快就会褪去；而由表皮物理特性所产生的虹彩结构色和金属色，通常是长久的。

虎甲和叶甲的结构色通常是由表皮内层叠的纳米结构所引起的，这些纳米结构会随着不同波长的光线或视角变化反射出不同的强烈颜色。如金黄龟甲（*Charidotella sexpuncta-*

ta，叶甲科）体表的金属光泽就是由表皮内的液体色素囊反射阳光造成的。这些甲虫能够通过表皮内的微小管道移动色素，暂时性地将体色从明亮的金色变为亮红色或金橙色，有时还会呈现出黑色斑点。

ᐱ 欧洲的花金龟，如铜色星花金龟（*Protaetia cuprea*），是世界上最美丽的甲虫类群之一。它们身上的虹彩结构色源于外骨骼的物理特性，对照射光线进行散射、干涉而形成虹彩一般的美丽光泽

ᐳ 在北美洲，金萝藦肖叶甲（*Chryso-chus auratus*）的属名和种加词，字面意思分别是"金匠"和"金色"。其实这些闪亮的叶甲不仅会呈现金色，随着视角的不同，它们还会呈现出红色、绿色和蓝色

头部

　　甲虫胶囊状的头部通过柔韧的膜质颈部
与胸部相连，有时会部分或完全被前胸遮挡。
甲虫通常有很显眼的复眼——由多个晶状体
小眼组成，但生活在地底和穴居的甲虫可能
只有几个小眼，甚至完全没有眼睛。有时，
甲虫的复眼在头部前侧被刺突状表皮或称眼
缘细微地分开，比如鼓甲和一些天牛的眼缘
就将其复眼完全隔开了。除了复眼，一些甲
虫的成虫，如皮蠹科、伪郭公虫科（Dero-
dontidae）和隐翅虫科的甲虫，在头部前侧
的复眼之间还有一只单眼。

≪≪　这只茎甲属（*Sagra*，叶甲科）
甲虫的头部有着粗糙的小孔、深深的
沟，在色彩斑斓的青铜绿色中还夹杂
了少许蓝色，看起来更像是一尊金属
雕塑。这些茎甲生活在非洲和东南亚
地区

⋀　大多数甲虫的复眼是由多个晶状
体小眼组成的。天牛科的大多数物种
中，每只复眼的深凹处都是触角的附
着点

甲虫的结构

了解甲虫的身体结构，不仅可以深入理解它们是如何适应环境的，还可以作为甲虫识别和分类的基础。这幅插图描绘了甲虫最基本的身体特征。

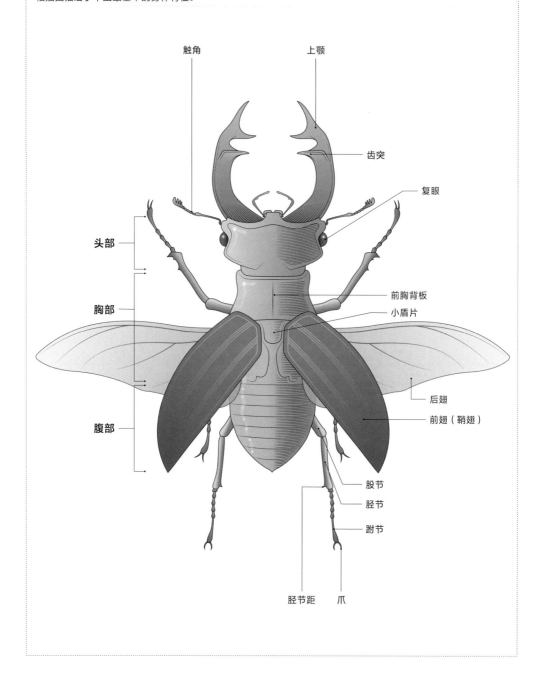

触角

上颚

齿突

复眼

头部

胸部

前胸背板

小盾片

腹部

后翅

前翅（鞘翅）

股节

胫节

跗节

胫节距　爪

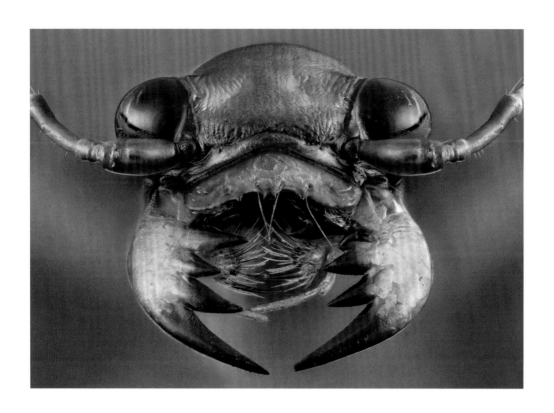

一些雄性金龟子的头部有雄壮的角，可充当钳子、尖刺或铲子。这种"装备"可以用作雄性之间战斗的武器，也可以用来保护能吸引雌性的食物资源。这些物种的角大小不一，其变化可能是由于遗传因素，也可能是由于环境因素，抑或是二者共同作用的结果，研究性选择的科学家对此非常感兴趣。而即使在一对一的战斗中处于劣势，但当机会出现时，角较小的雄性也能成功交配并传递基因。

甲虫的口器通常由上唇、上颚、下颚以及下唇组成。上颚有各种特化的形态，可以切割猎物、磨碎植物组织或过滤液体。一些甲虫的超大上颚与进食关系不大，而是用作防御武器，或者在繁殖时发挥作用。附在下颚和下唇上的是灵活的指状须肢，能帮助甲虫进食。

甲虫头部的前侧或两侧的触角是其主要的嗅觉和触觉器官。尽管甲虫触角的形态极其多样，但基本包含三个部分：柄节、梗节和鞭节。甲虫一般有11节触角节，不过也有许多物种只有10节或更少，而少数物种可能有12节或更多。雄性天牛通常可以由

ᐱ 虎甲依靠速度、双眼和单眼视觉，以及强有力、锋利带齿的上颚，捕捉和撕碎昆虫、蜘蛛和其他小型节肢动物猎物

甲虫的触角

甲虫触角的结构极其多样，通常有 11 节触角节。第一节被称为柄节，第二节被称为梗节。其余各触角节则变化多样。这幅插图描绘了甲虫触角的一些最基本的类型。

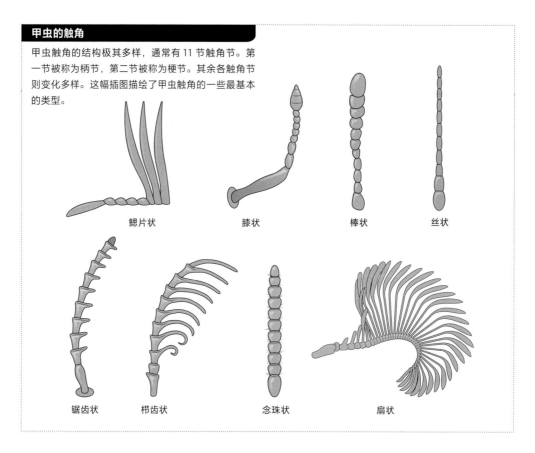

鳃片状　　　膝状　　　棒状　　　丝状

锯齿状　　栉齿状　　念珠状　　扇状

其更长的触角而与雌性个体区分开来。许多雄性金龟子和雄性股羽角甲（*Rhipicera femora-* *ta*，属于羽角甲科，Rhipiceridae）都有着精细特化的触角，其上充满了适于追踪雌性信息素的感受器。

≪　雄性西部带状光萤（*Zarhipis inte-* *gripennis*，属于光萤科，Phengodi-dae）的触角由12节触角节组成。第4—11触角节是双栉状的，每一节都有一对长而（有时）卷曲的分支。分支上覆盖着特化的化学感受器，用于检测和追踪由隐秘的雌性幼虫释放的信息素

ᚚ　图为欧洲的双带皮花天牛（*Rha-* *gium bifasciatum*），裸露的前胸形成了其身体独特的中间部分，并长着前足。胸部的其余两个体节则隐藏在鞘翅之下

胸部

甲虫的胸部由三个体节——前胸、中胸和后胸组成，每个体节都有一对足，以及能让足和翅运动的肌肉。裸露的前胸形成了甲虫身体独特的中间部分，并与身体的其他部分紧密或松散地连接。前胸被背部的骨化部分（被称为前胸背板）覆盖，该结构有时呈

帽状，从上方覆盖头部。雄性金龟子和其他甲虫可能还具有胸角、瘤状突起或脊状结构。

中胸和后胸的体节被特化的前翅（即甲虫的鞘翅）的基部遮盖。中胸长有中足和特化的前翅，通常在背部能看到位于前胸背板后面的一个略呈三角形或盾状的小盾片。后胸通常在前翅下有一对折叠的膜质后翅。

甲虫特有的鞘翅是不透明的，或柔软似皮革，或坚硬如贝壳，部分或完全地覆盖腹部。甲虫在休息时，鞘翅通常沿着一条被称为"鞘翅中缝"的清晰线条在背部中间合实。鞘翅的表面几乎都是光滑的，但也可能沿着整个鞘翅的一部分或大部分排列着刻点、脊突或沟槽。鞘翅在甲虫飞行时能起到稳定器的作用。当准备起飞时，大多数甲虫会抬起并分开鞘翅，以便膜质的后翅展开。后翅通过增

⋏ 甲虫的胸部既有翅又有腿，是其身体的"动力室"。这只矮胖的金龟子笨拙地展开坚硬的鞘翅和膜质后翅，像一辆低速行驶的卡车向前飞行

⋘ 在准备起飞时，这只来自北美洲东部的具金属光泽的叶镶金龟甲（*Dichelonyx linearis*）首先抬起并分开其特化的鞘翅，随后，折叠在前翅下面的膜质后翅通过增加翅脉网的血压而张开

加翅脉网的血压而扩张。精致的翅脉能起到类似合页的作用，使甲虫能够将后翅小心地折叠在鞘翅之下。快速飞行的金龟子和一些吉丁虫的鞘翅在鞘翅中缝处部分或完全融合，它们会同时抬起部分鞘翅，使后翅能够沿鞘翅基部两侧的宽缺口穿出。雄性光萤的鞘翅急剧变窄呈桨状；隐翅虫的鞘翅通常较短；还有一些雌性甲虫的鞘翅很小或完全缺失。

甲虫的足通常比较短，由6个体节组成。第1节是粗壮的基节，将每条足牢牢地固定在胸部下方的基节窝中，使足能在水平方向上往复运动。第2节是一个小的转节，通常固定在最大、最有力的第3节体节——股节上。有些甲虫的股节非常大，尤其是跳跃型甲虫。第4节的胫节通常又长又细，有些挖掘型甲虫的前足有耙状的延伸。第5节是跗节，通常有至多5个亚节，被称为跗分节。

有些甲虫前足的跗节下面还长有毛垫，以便抓住光滑的物体表面，比如配偶的鞘翅或宿主植物的叶片。一些雄性蜣螂的前足跗节缺失。足的末端是爪形的第6节——前跗节，通常有一对爪，有时还伴有刚毛或膜质叶突。

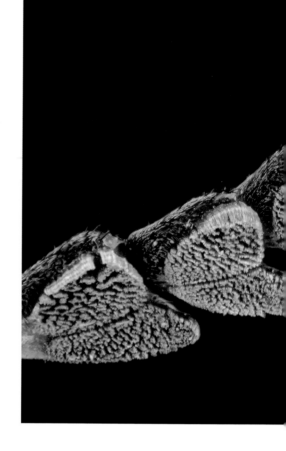

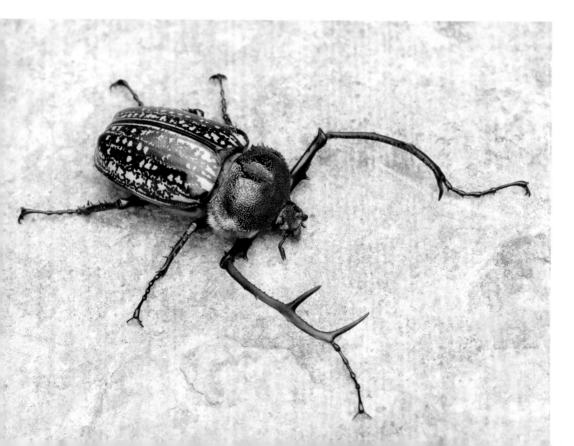

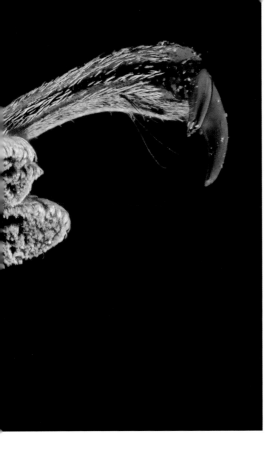

腹部

　　甲虫的气门位于其腹部两侧。甲虫腹部的每一个可见的体节几乎都是环状的，并由两个骨片组成：一个是背面的背片（或称背板），一个腹面的腹片（或称腹板）。背片往往薄且柔韧，但鞘翅较短的甲虫的背片则更厚、更坚硬。腹部其余的体节位于体内，其中末端的体节为适应生殖行为而有了不同的特化。有的雌虫具有长长的产卵器，是为了将卵深埋在土壤或植物组织中；短且结实的产卵器，则通常是那些将卵黏附在各种表面上的甲虫所特有的。雄虫的生殖器官通常都比较独特，因此在物种鉴定时具有相当大的价值。

↖ 甲虫的跗节至多由5个跗分节组成，跗分节下面通常长有布满刚毛的吸附性爪垫。足的末端是爪形的前跗节

↙ 这种格彩臂金龟（*Cheirotonus gestroi*）的分布很广，在印度东北部、缅甸、老挝、泰国、越南和中国西南部均有分布。通常生活在山地茂密的森林中。成虫以植物的汁液为食，有时会被光线吸引。关于雄虫如何使用它们极长的前足，我们还不清楚

↘ 绿翅齿胫叶甲（*Gastrophysa viridula*）在欧洲广泛分布。雌虫腹部肥大，其卵巢内可以孕育1000多颗卵。它能在酸模属（*Rumex*）植物的叶片背面一次性产下20—45个淡黄色的卵团

以适应性取胜

甲虫如今在形态和习性上的多样性，要归结于它们的祖先在 3 亿多年前的石炭纪末期逐渐演化出的几种关键适应性。

甲虫在形态上的早期演变包括体形变小和扁平化，这使其能够藏身于土壤、木材和其他材料的缝隙中，坚硬的外骨骼可以帮助它们在这些狭小的空间内移动时不被磨损。

而且这种隐秘的生存方式使甲虫能够避开捕食者，开发新的食物来源，并为后代提供更好的保护。

甲虫的前翅转变为鞘翅，不仅能提供更多保护，也有助于防止其体内的水分流失。化石证据显示，二叠纪晚期和三叠纪早期鞘翅相对松散的甲虫，在中生代被鞘翅更贴合胸部和腹部的物种所取代。紧密贴合的鞘翅可以包裹住甲虫腹部上方的亚鞘窝，并通过覆盖气门，在身体上层表面和下层脆弱的内脏之间形成温度缓冲区，降低脱水的风险。亚鞘窝的存在，使得甲虫既能适应炎热干旱的沙漠生境，也能适应水生生境。

沙生甲虫

尽管沙漠生境降水量低、温差大，但在世界各地的沙漠中，甲虫类群都异常丰富。无论是贫瘠的沙石荒原，还是荆棘灌丛覆盖的沙漠地区，大部分沙生甲虫都具有显著相似的特征。沙生物种在形态和行为上的平行演化，是它们为了适应恶劣环境的结果。

许多拟步甲都能极好地适应沙漠的生活。它们通常都是夜行性的，身体呈黑色，身披铠甲，并且不会飞。夏季的白天，它们会藏在沙子里或洞穴中，以躲避高温酷热——这些地方的温度明显低于地表，相对湿度较高。它们厚实的外骨骼和紧密融合的鞘翅，帮助减少了身体从气门流失的水分。而在气候相对凉爽的几个月（比如冬季）里，黑色的外壳又能帮助它们在阳光下快速吸收能量，温暖肌肉，以便继续寻觅食物。而昼行性的甲虫有着长而纤细的足，它们的身上有时会覆盖蓝色、黄色或白色的蜡状分泌物，这些分泌物可以反射紫外线，帮助其保持身体凉爽。一些沐雾甲虫（*Onymacris* 属[1]）还具有白色的鞘翅，这是由于它们的表皮层内有一些气室，空气通过亚鞘窝进入气门，这些气室可以冷却进入的空气，以此帮助甲虫调节体温。

水生甲虫

在鞘翅目甲虫中，有几个科的物种特别适合生活在池塘、湖泊、小溪和河水中。根据运动方式，这些水生甲虫可以分为两个基本类群：游泳者和爬行者。

龙虱科、豉甲科和牙甲科的甲虫，其中足和后足适于游泳，被称为游泳足。这些扁

🐾 拟步甲通常是黑色的，不会飞，外骨骼很厚，可以防止其脱水。它们通常在夜间活动，白天会把自己埋在沙子里或藏在动物的洞穴里，以躲避高温

« 非洲南部的一些拟步甲，如细足狭拟步甲（*Stenocara gracilipes*），身上会覆盖一层能够反射紫外线的白色蜡状分泌物，以保持身体凉爽

1　由于作者列举了许多国外的甲虫物种以及科学家新发现的物种，而有的物种暂无中文译名，因此书中保留了拉丁文学名。（译者注，下同）

>> 来自欧洲的黄缘龙虱（Dytiscus marginalis）的中足和后足已经特化为适应游泳的形态：扁平状的足如同船桨，并具刚毛，能更好地推动身体光滑、呈流线型的甲虫在水中前进

⌄ 豉甲的复眼是完全分开的：上半部分的复眼适应于在空气中视物，下半部分则适应于水下观察

与成虫一样，黄缘龙虱的幼虫也是贪婪的捕食者。它们能够捕食小型脊椎动物，包括蝌蚪和小鱼

平，且边缘长有刚毛的游泳足就像桨一样，能推动身体光滑、坚硬、呈流线型的甲虫在水中前行。除了豉甲，其他水生甲虫的成虫通常都在水下生活，并定期回到水面排出二氧化碳、补充氧气。牙甲通过用触角朝前冲破水的表面张力，从而在腹部下方吸入一层空气来补氧。龙虱则用腹部尖端冲出水面，捕获气泡并存于鞘翅之下；一段时间后，气泡会从龙虱的腹部尖端露出来，短时间内，气泡内的氧气可以通过被动扩散的方式得以补充，所以这个气泡能供龙虱呼吸较长时间。

豉甲在水面游泳，其柔韧的腹部尖端就像舵一样操控着身体前进的方向。豉甲的复眼是完全分开的，使它们可以同时观察空气中和水中的动静。由于触角上的特殊器官，豉甲可以探测到来自其他豉甲、捕食者或挣扎的猎物所产生的表面振动。

以爬行为主的水生甲虫，如泥甲科、溪泥甲科、沟背牙甲科（Helophoridae）、平唇水龟甲科（Hydraenidae）以及象甲科的一些物种，通常有着发达的、适于攀附的爪（而不是游泳足）。它们身体的部分或全部披着一层致密的、天鹅绒般的防水绒毛（象甲披的是鳞片），被称为疏水层。潜入水中时，疏水层的存在使甲虫的身体被包裹在一个薄薄的银色气泡中，这个气泡具有"物理鳃"的作用：其周围水中的溶解氧会稳定地扩散到这个气泡中，并直接与气门接触；气门释放的二氧化碳也会从气泡中扩散出去。呼吸作用的气体在这个永久性气泡内相互作用，这一方式被称为气盾呼吸。不过气盾呼吸的效率很低，基本只限于生活在浅水和含氧量较高水域的定栖食草动物使用。

防御策略

在无脊椎动物捕食者的名单上，蜘蛛、蚂蚁、食虫虻和甲虫榜上有名。为了避免成为猎物，大多数甲虫依靠形态适应和行为适应来进行防御。

↙ 雄性欧洲锹甲（*Lucanus cervus*）具有巨大且强有力的上颚，既可用于与其他雄性战斗，也可以用于防御敌人

↘↘ 当叩甲的身体翻倒时，比如图中这只欧洲的栉角辉叩甲（*Ctenicera pecticornis*），会立刻翻转腾空跳起，并发出响亮的咔嗒声，试图惊吓或躲避捕食者

↖ 眼斑叩甲（*Alaus oculatus*）的前胸腹突构成了类似捕鼠器上的弹簧和插销系统。当它们仰面翻倒在地时，这个系统能帮助其翻正身体。弹簧骤然释放的能量，能使这种小型甲虫迅速弹向空中，其加速度甚至达到宇航员在火箭发射过程中所经历的加速度的100倍

来自鸟类和其他昼行性捕食者的捕食压力，可能对甲虫保护色和警戒色（见第54页）的演化起到了决定性作用。而夜行性甲虫的鸣叫、化学武器和非警戒色的防御，对哺乳动物、两栖动物和无脊椎动物等捕食者尤其有效。

结构防御和行为防御

保护甲虫的第一道防线是其厚实、坚韧的外骨骼。阎甲科物种拥有光滑、坚硬的外骨骼，可以将附肢紧紧地贴在身体上，这些特征都使得捕食者难以攻击和捕获它们。对于体形较大的甲虫，如天牛科、锹甲科和金龟科的物种，仅凭体形，再加上强壮的上颚、角、有力的足和锋利的爪，就足以阻止几乎所有捕食者（饿极了的除外）。

除了咀嚼式口器外，许多虎甲和步甲还拥有细长且善于奔跑的足，适于逃脱。叶甲科的成虫则会利用其肌肉发达、善于跳跃的后足，将自己弹射到远离危险的地方。

当身体翻倒时，叩甲可以通过收缩腹侧的肌肉，将前胸腹突插入中胸腹板的凹陷边缘，发出一声响亮的咔嗒声后，使自己的身体翻正。在这一过程中，腹侧压力增大，周

围较软的表皮充满弹性势能，就像被压缩的弹簧一样。当刺突插入凹陷，释放出巨大能量，使甲虫以约 300 倍的重力加速度被骤然抛向空中。

　　身形的特化也被认为是甲虫的一种防御性适应。叶甲科的龟甲类，其甲壳有宽且带凸缘的边缘，可以保护其附肢免受蚂蚁和其他捕食者的伤害——当受到攻击时，它们只需"蹲"下来，利用跗节下的黏性毛垫，牢牢地抓住宿主植物。一些驼金龟科（Hybosoridae）和球蕈甲科（Leiodidae）的甲虫可以将自己迅速卷成一个球（附肢都被小心地收起来），并在很长一段时间内保持静止。

　　假死，或称装死，是皮金龟科、拟步甲科（某些物种）、幽甲科、象甲科及其他一些甲虫所具备的防御本领。当受到惊吓时，这些甲虫会"装死"，将足和触角紧贴身体，保持静止。大多数小型捕食者会很快对这些甲虫"尸体"失去兴趣，转而寻找更适合的猎物。

　　＞　当受到蚂蚁或其他捕食者的攻击时，龟甲会将其宽大且带凸缘的前胸背板和鞘翅的边缘紧贴在叶片表面，从而保护足和腹侧

　　＞＞　这只来自哥斯达黎加的杆喙象甲属（*Hammatostylus*）甲虫正在装死。其他科的甲虫也会使用这种防御策略，特别是皮金龟科、拟步甲科和幽甲科的物种

化学防御

    甲虫身上用于防御的化合物，是由其自身腺体产生或从食物中提取，并储存在特殊的腔室或血淋巴（即血液）中的。步甲科和龙虱科的物种具有特化的胸部和腹部器官，这些器官能产生醛类、酯类、烃类、酚类和醌类化合物，以及各种酸性物质。例如，步甲科短鞘步甲属（Brachinus）的甲虫能从体内喷出小团、滚烫的气雾，这些气雾是由腐蚀性的过氧化氢气体与氢醌和各种酶混合而成的，喷出时会发出听得见的爆裂声。这种强力混合物能通过甲虫的"肛门炮塔"精准地打击到位。葬甲科的甲虫则是能够分泌像油一样的防御性肛门分泌物，散发出氨的臭味。许多隐翅虫和拟步甲都有可翻转的肛门

⌃   美国西南部的脂亮甲（Eleodes suturalis）在受到威胁时会低下头部，并从肛门处释放一种有毒液体，以击退捕食者

»   当受到攻击时，短鞘步甲属的甲虫能从"肛门炮塔"中喷出滚烫的有毒化合物气雾。这只甲虫在一把镊子的诱导下，表现出了这种防御行为

腺，可以释放各种防御性物质。拟步甲科脂亮甲属（Eleodes）的甲虫在释放有毒物质之前，通常会先低下头，同时将腹部抬高。

    虽然许多物种都通过伪装和其他隐蔽行为来保护自己，但有些物种却反其道而行之，在其所处的环境中非常显眼，引人注目。花萤科、瓢虫科、萤科（Lampyridae）、红萤科（Lycidae）和芫菁科（Melidae）的甲虫，都是典型的行动迟缓的化学性防御昆虫，它

◄◄ 马利筋雄天牛（*Tetraopes tetroph-thalmus*）会先咬断叶片的中脉，使植物排出胶乳液，从而减少在后续进食时对植物毒素的摄入量

►► 毒隐翅虫属的甲虫不会利用反射出血作为防御手段，只有当其受挤压或在人的皮肤上摩擦时，它才会释放毒素——青腰虫素

⊻ 芫菁科甲虫，如美国亚利桑那州的*Tegrodera aloga*，会使用反射出血来保护自己。当受到惊吓时，它们会从足关节渗出黄色血淋巴，其中含有具腐蚀性的斑蝥素

们故意向外界展示出鲜艳的对比色，以警告潜在的捕食者它们身上有臭味，且并不好吃。这种醒目的颜色能成功驱赶经验丰富的捕食者，因此被称为警戒色。萤火虫的生物发光也是一种警戒表现。

一些甲虫会从宿主植物中获取化学防御物质。色彩鲜艳的雉天牛属（Tetraopes）物种只以马利筋属（Asclepias）植物为食，这些植物的叶片中含有一种麻痹性毒素——强心苷。但雉天牛属的幼虫并不害怕这种毒素，它们食用马利筋的根，并将植物的毒素积累在其最终发育为鞘翅的组织中；成虫则取食马利筋的叶片，它们会先咀嚼叶片基部的中脉，促使叶片排出有毒的白色胶乳，从而减少自己对植物毒素的摄入量。

当遭到挤压或摩擦到人的皮肤时，一些雌性毒隐翅虫（Paederus）会释放出一种毒性极强的化合物——青腰虫素。毒隐翅虫依赖其体内共生的假单胞菌（Pseudomonas）来产生青腰虫素，而人的皮肤一旦接触青腰虫素，就会引起隐翅虫皮炎（也被称为"线状皮炎""蜘蛛舔""内罗毕蝇疹"），轻者导致皮疹，重者形成水疱。

瓢虫和芫菁能从足关节排出鲜橙色或黄色的、含有有毒化学物质的血淋巴，这种行为被称为反射出血。瓢虫会产生具苦味的生物碱，起到取食抑制剂的作用；芫菁会分泌斑蝥素，这是一种腐蚀性极强的化合物，也能起到强效取食抑制剂的作用。由于自身缺乏化学防御物质，雄性蚁形甲会从死去或垂

>> 长角象甲科的甲虫都是伪装的高手。比如图中这只宽喙长角象甲（*Platystomos albinus*，其分布从欧洲向东经过高加索和小亚细亚到达西伯利亚西部和蒙古），身体的颜色使其几乎与树皮上的地衣融为一体

死的芜菁身上获取斑蝥素，用来保护自己并吸引配偶；在交配时，雄虫会将斑蝥素转移给雌虫，雌虫便可以将这种防御性化合物传递给后代。

伪装和拟态

长角象甲科（Anthribidae）的甲虫通常体色暗淡，体表具有深浅不一的棕色、灰色或绿色斑纹，可以有效地伪装成长满地衣的树皮。体形相对较大且较显眼的种类，则具有混隐色图案或高反射表面，当它们停栖在宿主植物上时，捕食者很难分辨它们是甲虫。

以前，人们认为甲虫身上的虹彩结构色主要与性选择有关；现在研究人员提出，这些结构色对于某些甲虫是警戒色，而对于其他一些物种则是保护色。例如，许多甲虫的鞘翅上布满微小的酒窝状凹孔，这些凹孔反射的光线与周围表面不同。从远处看，这些微小的虹彩色亮点，与鞘翅表面其他部分反射的不同波长的光共同作用，会呈现出暗绿色和棕色，从而帮助甲虫与周围的环境融为一体。

外表醒目的郭公虫在树枝上快速奔跑，很像带刺的蚂蚁或无翅的胡蜂——蚁蜂科

米勒拟态

米勒拟态是指数种亲缘关系不甚密切且均不合天敌口味的昆虫彼此拟态，捕食者尝试其中一种后就不会再攻击其他种的现象。这些来自亚利桑那州的红萤科物种，与费尔南德宽红萤（*Lycus fernandezi*，见第 66 页）一起，共同构成了米勒拟态集团。它们相互模仿，以警示其体内含有有毒的化学防御物质。

Lycus sanguinipennis

Macrolygistopterus rubripennis

Lycus fulvellus femoratus

亚利桑那宽红萤
Lycus arizonensis

拟态蜜蜂或胡蜂

　　由于自身缺乏防御能力，一些甲虫能模拟有害或有毒昆虫的形态或行为，这种适应被称为贝氏拟态。图中这只非常醒目的毛茸茸的斑金龟（*Trichius gallicus zonatus*，分布于意大利撒丁岛和北非）与其他一些具有类似特征的吉丁虫、绒毛金龟（Glaphyridae）和天牛，都与那些带"针"蜇人的昆虫长得非常相似，而其与蜜蜂或胡蜂相似的动作进一步强化了这种"诡计"。

（Mutillidae）物种。但带刺的昆虫并不是甲虫寻求保护时唯一的模仿对象。叩甲科和天牛科的一些物种，以及各种蛾类和蟑螂，也能够模仿令人讨厌的萤科、花萤科和红萤科的物种。

米勒拟态涉及栖息在同一地区的两个或多个防御性物种，它们有着相似的警戒色。捕食者很快就学会避开它们，于是长相相似的物种就都变得安全了。尽管在蝴蝶类群中最为常见，但米勒拟态现象也会出现在甲虫身上，尤其是那些引人注目且具有化学防御能力的红萤，它们与颜色接近且不好吃的蛾类共同形成了拟态集团。

眼斑或突然闪现的颜色，可能会吓到或迷惑潜在的捕食者。眼斑叩甲的超大眼斑被认为能暂时迷惑或吓退捕食者，但这一假设尚未得到严格的验证。当把头朝下埋在花中时，Trichiotinus 属金龟背面明显的眼斑可能会被错认为一只胡蜂的脸。深色的吉丁虫和虎甲在抬起鞘翅飞行时，经常会露出极其鲜艳且明亮的虹彩结构色。

还有一种拟态形式——隐蔽拟态，从捕食者的角度来看，猎物看起来就像无生命或中性的物体。小而粗壮的瘤叶甲（叶甲科）可能会被捕食者和昆虫收藏者所忽视，因为它们看起来与毛毛虫的粪便非常相似。皮金龟和圆牙甲（Georissidae）经常被土或泥包裹着，就像鹅卵石或小土块，而滑象甲属（Gymnopholus）一些物种的背上则长着植物和真菌。

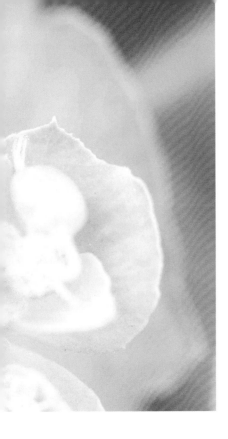

⋏ 毛郭公虫（*Trichodes alvearius*）是一种广泛分布于欧洲和北非的郭公虫，依靠其醒目的斑纹或警戒色来阻止捕食者的攻击。它们被认为是包括芫菁科和斑蛾科（Zygaenidae）昆虫在内的拟态集团的一部分

⟩⟩ 眼斑叩甲广泛分布于北美洲东部。长期以来，人们都认为其身上超大的眼斑可能会吓退或迷惑捕食者，但这一假设尚未得到验证

Thermonectus marmoratus
多斑温龙虱
美国西南部河流池塘中显眼的常客

科	龙虱科 Dytiscidae
显著特征	黑色和黄色的明显花纹
成虫体长	11—15 毫米

多斑温龙虱是一种常见的中型水生甲虫。在沙漠、山地和高山等生境中，它们通常栖息于间歇性和永久性的缓流中清澈且有岩石的浅水池里。其种群分布于美国加利福尼亚州南部至新墨西哥州，往南可至墨西哥和中美洲北部。

多斑温龙虱的身体呈流线型，背面是黑色的，带有亮黄色的斑纹；腹面大部分为亮橙色或橘红色。头部为黄色，带有一个不规则的"M"形标记；前胸大部分为黑色。鞘翅在中后部最宽，每一枚鞘翅在鞘翅中缝附近都有一个大的黄色圆盘状斑点，并伴有 14—22 个较小的黄色斑点。这些醒目、对比鲜明的斑纹，使其在水池底部因阳光照耀而显得斑驳的岩石池底很难被发现。雄虫的前跗节有 15—19 个吸盘，用于在交配时抓住雌虫的鞘翅。

雌虫会将卵产在岸边碎屑下潮湿的沙子中。卵孵化后，一龄幼虫爬入水中开始发育。此时，它们扁平的头部、钳子状的上颚，以及复杂的眼使其能够追踪猎物。成熟的三龄幼虫会返回岸边化蛹。多斑温龙虱的成虫和幼虫都是夜行性的，它们捕食各种大小的身体柔软的动物或是捡食其尸体，特别是蜉蝣、蜻蜓、甲虫和鱼类的未成熟个体。它们可以将较小的猎物整个吞下，也可以撕咬和咀嚼较大的猎物。成虫能够飞行，有时会被灯光吸引。当受到威胁时，

它们会从胸腺分泌出恶臭的液体，这表明它们身上鲜艳的颜色图案是一种警戒色。生活在美国加利福尼亚州南部山区的多斑温龙虱，体形往往更细长、颜色也更深，并且鞘翅上有更多的黄色小斑点。这种色彩斑斓、充满活力的物种，在美国各地动物园的昆虫馆都能见到。

在目前温龙虱属已知的 19 种龙虱中，只有多斑温龙虱和发现于亚利桑那州南部、墨西哥西部的体形较小的齐默尔曼温龙虱（*T. zimmermanni*，成虫体长 9—11 毫米）具有亮黄色斑纹。

物理鳃

多斑温龙虱和其他水生甲虫一样，有时会在腹部露出一个气泡，这个气泡能起到物理鳃的作用。在甲虫需要重新浮出水面，并在其鞘翅下捕获一个新的气泡之前，周围水中的溶解氧会暂时渗透到这个气泡内，为甲虫提供更多氧气。

多斑温龙虱身上鲜明的斑纹，有助于它们隐身于池塘底部洒满斑驳阳光的岩石间。它们能够产生恶臭的防御性液体，这意味着它们明显的颜色图案也可能起到警戒色的作用

Leptodirus hochenwartii hochenwartii
霍氏细颈球蕈甲
失明的穴居者

科	球蕈甲科 Leiodidae
显著特征	世界上第一种已知的穴居甲虫
成虫体长	7—11 毫米

霍氏细颈球蕈甲是仅在迪纳拉山脉诺特拉尼斯科喀斯特区发现的一个亚种，分布范围从意大利东部延伸到斯洛文尼亚和克罗地亚。1831 年 9 月，洞穴向导卢卡·切奇（Luka Čeč）在卡尔尼奥拉（Carniola，当时是奥匈帝国的一个地区）的波斯托伊纳洞穴首次发现了这个物种。

切奇意识到了这一发现的重要性，他将该物种的标本交给了弗朗茨·约瑟夫·冯·霍恩瓦特（Franz Josef von Hochenwart）伯爵，彼时后者正在筹备洞穴指南。霍恩瓦特随后将这个独特的标本交给卡尔尼奥拉的昆虫学家费迪南德·施密特（Ferdinand Schmidt）。施密特在 1832 年发表的一篇论文中为这种甲虫建立了一个新的属——*Leptodirus*，该词源自 *leptos*（意为"细长的"）和 *deiros*（意为"颈部"），学名的种加词则以伯爵的名字命名。它是这个属下唯一的物种，目前该物种共有 6 个亚种，均分布于诺特拉尼斯科喀斯特区。

霍氏细颈球蕈甲身体的前半部又细又长，鞘翅膨大。由于缺乏眼睛和色素，这些不会飞的甲虫在完全黑暗的环境中只能利用其细长的足和触角在洞穴深处寻找少量的有机物为食。

人们对这种甲虫的生活史和生态学特征基本上是未知的。它们生活在大且寒冷的洞穴中，那里的气温很少超过 12℃。成虫以洞穴内渗透的水带入的有机物、蝙蝠和鸟类的粪便、穴居动物的尸体等为食。雌虫会产下小批量但个头较大的卵，这些卵发育缓慢。卵孵化后，幼虫不进食，且很快就会化蛹。成虫的寿命目前还未知。

霍氏细颈球蕈甲是斯洛文尼亚昆虫学会的官方标志，并出现在学会出版物《斯洛文尼亚昆虫学学报》的封面上。虽然世界自然保护联盟（IUCN）尚未对其进行评估，但鉴于其分布有限且繁殖缓慢，霍氏细颈球蕈甲及其他亚种都被认为是值得保护的物种。因此，斯洛文尼亚政府将其列为保护对象。来自地表的污染物和非法采集等，是对霍氏细颈球蕈甲种群最大的威胁。

➤➤ 霍氏细颈球蕈甲不会飞，而且缺乏深色色素，只发现于迪纳拉山脉诺特拉尼斯科喀斯特区。它们生活在完全黑暗的环境中，利用细长的足和触角在洞穴深处寻找有机物

Phalacrognathus muelleri muelleri

彩虹锹甲

澳大利亚昆虫学会的官方标志

科	锹甲科 Lucanidae
显著特征	雄虫以其巨大的上颚作为杠杆，与对手搏斗
成虫体长	23—46 毫米 [1]

　　澳大利亚最大的锹甲拥有多个俗名，"彩虹锹甲""华丽锹甲""国王锹甲"指的都是它。它的身体呈铜绿色，带有彩虹般的金属光泽。有点亚光和凸起的前胸在前部最宽。雄虫的鞘翅光滑、发亮，上颚长且相互平行，向上弯曲，在末端呈宽而有齿的刃状。雌虫的上颚发育不全，鞘翅上有明显的点痕。该种栖息在昆士兰东北部的山区、台地的热带雨林及相邻的湿硬叶林中。

　　彩虹锹甲的幼虫会在感染了白腐菌的枯木或活树上取食腐朽的干木或湿木，随后用自己的粪便构建蛹室。4月至9月是成虫的活跃期，它们在黄昏时开始飞行，会被灯光吸引。除了腐木，它们还吃水果和植物的汁液。

　　彩虹锹甲属（*Phalacrognathus*）的物种与金锹甲属（*Lamprima*）的物种相似，区别在于前者雄虫和雌虫前胫节上的刺较简单，而后者雄虫的前胫节刺呈扁平的叶片状。彩虹锹甲属的唯一物种有两个亚种，另一亚种 *P. m. fuscomicans* 分布在巴布亚新几内亚。

　　彩虹锹甲指名亚种是澳大利亚昆虫学会的官方标志。该亚种的科学描述是基于查尔斯·弗伦奇（Charles French）送给威廉·麦克利（William MacLeay）爵士的一只来自"北澳大利亚"的雌虫，弗伦奇还请求以澳大利亚植物

学家费迪南德·冯·米勒（Ferdinand von Mueller，出生于德国）男爵的名字命名这个新物种。麦克利最初将该物种归入金锹甲属，但他意识到这只锹甲应该属于一个新的属。由于没有检查过雄虫，所以他很犹豫是否要建立一个新的属。在阅读麦克利于 1885 年发表的论文后，弗伦奇立即将雄虫的标本也寄给了麦克利，而此前他寄去的标本不知为何被扣留了。同年的几个月后，在对该物种的雄虫和雌虫标本进行深入的研究后，麦克利正式建立了彩虹锹甲属。

雌雄异型

彩虹锹甲雄虫的上颚很大、几乎都是黑色，并且向上弯曲；而雌虫的上颚则短得多，而且结构简单。

1　该数据应为雌性锹甲的体长数据，雄性锹甲的体长为24—70毫米。

彩虹锹甲有很多俗名，是澳大利亚最大的锹甲之一，栖息于昆士兰州东北部的山区和台地。幼虫以感染了白腐菌的腐朽的干木或湿木为食

Chalcosoma atlas
阿特拉斯南洋大兜虫
以希腊神话最著名的泰坦人命名

科	金龟科 Scarabaeidae
显著特征	世界上最大的甲虫之一
成虫体长	25—130 毫米

　　阿特拉斯南洋大兜虫的雄虫在与其他雄虫争夺食物或雌虫时，会使用它那令人印象深刻的头角和胸角。雄虫和"手无寸铁"的雌虫通常都是黑色的，前胸背板和鞘翅带有金属光泽；强有力的足两侧长有结实的尖刺，尤其是在前胫节。雌虫和雄虫的体形差异很大。体大的雄虫长有发达的角：头角向上弯曲，头顶部有一个齿，前胸背板上有一对长而弯曲的胸角，与头角相对。成虫通常分布在从印度到印度尼西亚苏拉威西岛的热带森林的树干上。

　　阿特拉斯南洋大兜虫的成虫以树汁和过熟的水果为食。通常认为，长着小角的体形较小的雄虫会更早出现，以避免与体形较大的雄虫发生冲突，因为它们注定会落败。它们会飞到很远的地方安置下来，并成功与雌虫交配。

　　幼虫以腐木为食，并需要很大的空间来完成发育——因为在过于拥挤的空间内，幼虫之间会互相攻击。

　　巨犀金龟甲属（*Chalcosoma*）中已知的还有另外 3 种甲虫，阿特拉斯南洋大兜虫与其他几种的区别在于雄虫的头角尖端相对较宽。人们描述了许多阿特拉斯南洋大兜虫的亚种，但其有效性大多存疑。

　　这些引人注目的甲虫很早以前就引起了博物学家的注意。长期研究甲虫的查尔斯·达尔文（Charles Darwin）在《人类的由来》（*The Descent of Man*，1871 年）中写道："由于昆虫的体形很小，我们很容易低估它们的外表。如果我们把一只身披'抛过光的青铜色盔甲'、头顶巨大且构造复杂的角的雄性阿特拉斯南洋大兜虫放大成一匹马或一只狗的大小，它将成为世界上最威风凛凛的动物之一。"

"买定离手"

只有成年的雄性阿特拉斯南洋大兜虫有角。大体形的雄虫会利用发达的头角和胸角与其他雄虫"战斗"，以赢得与雌虫的交配权。在亚洲的一些地区，赌徒会利用雄虫之间的攻击行为，通过安排"斗虫"来进行赌博。

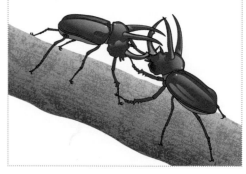

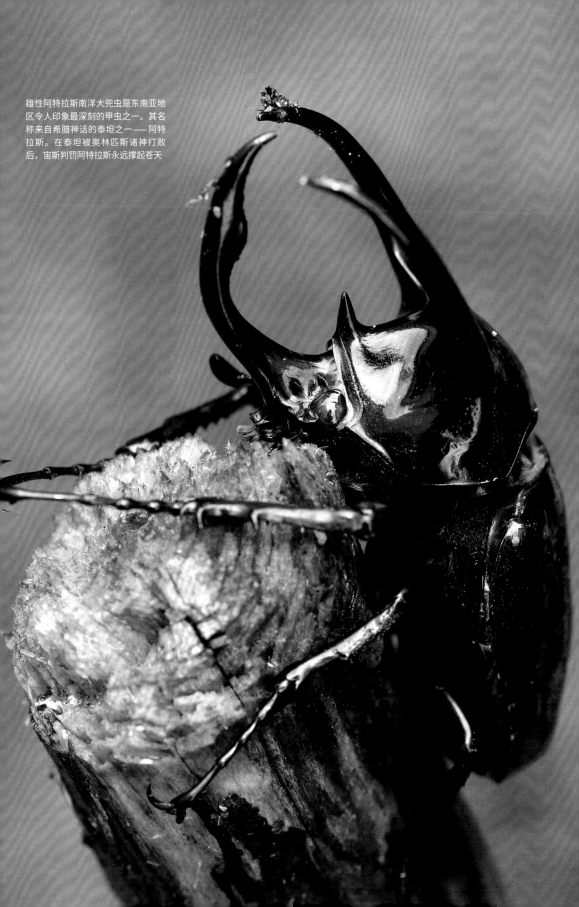

雄性阿特拉斯南洋大兜虫是东南亚地区令人印象最深刻的甲虫之一。其名称来自希腊神话的泰坦之一——阿特拉斯。在泰坦被奥林匹斯诸神打败后，宙斯判罚阿特拉斯永远撑起苍天

Lycus fernandezi

费尔南德宽红萤

一种以臭味化合物作为防御手段的
柔软的甲虫

科	红萤科 Lycidae
显著特征	宽红萤属物种是贝氏拟态和米勒拟态集团的成员
成虫体长	10—18 毫米

　　宽红萤是一类行动迟缓、群居性，具有警戒色的甲虫，它们在空中缓慢地振翅飞行。其鞘翅横脊很容易破裂，并渗出血淋巴（含有带臭味的吡嗪类化合物）。吡嗪类化合物的气味也许能警告捕食者：宽红萤的味道并不好。宽红萤的组织中还含有红萤酸，这是一种对鸟类、蜘蛛、瓢虫、食虫虻、胡蜂、蚂蚁和其他捕食者来说极为有效的取食抑制剂。而宽红萤身上的警戒色也会向捕食者警示它们的味道不佳。费尔南德宽红萤与其他具有防御能力的宽红萤以及颜色类似的蛾类一起共同组成米勒拟态集团，而它同时是贝氏拟态集团（包括颜色相似的甲虫和其他缺乏自身化学防御能力的昆虫）的核心。

　　费尔南德宽红萤是一种身体柔软的甲虫，体色通常为橙色，鞘翅尖端 1/4 处呈黑色。口器长在相对细长的喙上。如雕刻一般的鞘翅由纵向的脊和横向的翅脉构成，鞘翅顶端扩大，尤其是雄性个体。鞘翅带前缘与最外侧脊（肩前缘脉）相接的地方有缺刻。夏季，在美国的亚利桑那州东南部和新墨西哥州西南部到墨西哥的各种花丛中通常都能找到成虫，有时多达数百只。

　　宽红萤属物种的分布十分广泛，在热带界、新北界、东洋界和古北界等地区均有发现。在新大陆已知的 40 多种宽红萤中，有 11 种分布在墨西哥北部。亚利桑那宽红萤与费尔南德宽红萤非常相似，但其鞘翅带前缘没有缺刻。

　　大多数天牛都是植食性昆虫。然而，顶窄鞘天牛（*Elytroleptus apicalis*）虽然是以费尔南德宽红萤和亚利桑那宽红萤为核心的贝氏拟态集团的成员，但却会捕食与其长相相似的这两种宽红萤。窄鞘天牛（*E. ignitus*）也是一种捕食性天牛，属于另一种贝氏拟态集团，与其猎物独宽红萤（*L. loripes*）和伪装宽红萤（*L. simulans*）相关。在美国西南部和邻近的墨西哥，窄鞘天牛属的这两种天牛都会捕食正在进食或交配的宽红萤。有趣的是，这两种捕食者都不能吸收猎物的化学防御物质，而其对红莹酸的耐受能力仍然未知。

费尔南德宽红萤在空中振翅飞行时速度缓慢。成虫在夏季常见于各种花丛中，有时数量可达数百只。这种宽红萤和宽红萤属其他物种所呈现的鲜明的警戒色，能警告捕食者它们的味道不佳

Asbolus verrucosus
蓝舰拟步甲
在昆虫馆里很受欢迎的甲虫

科	拟步甲科 Tenebrionidae
显著特征	一种会装死的幽灵般的沙漠甲虫
成虫体长	19—20 毫米

蓝舰拟步甲有时被称为沙漠铁甲虫。当受到攻击时，这种甲虫会装死：仰卧在地，僵硬的足伸展并缠在一起，并保持这个姿态长达数小时甚至更长时间。其外骨骼通常呈暗黑色，表面粗糙；鞘翅看起来有些肿胀，布满明显的瘤状突起。

蓝舰拟步甲因体表堆积了一层层蜡丝而呈现出不同的体色。这种蜡质覆盖层能使甲虫保持凉爽，并防止其体内的水分通过外骨骼流失。当相对湿度较低时，蜡层呈蓝白色，当湿度高或甲虫死亡时，蜡层会变为黑色。它们跗节下方独特的刚毛垫是其对沙地生境的一种适应性。在美国的加利福尼亚州南部到墨西哥的下加利福尼亚州，东至美国的犹他州西南部和新墨西哥州西南部，蓝舰拟步甲主要出现在三齿团香木（*Larrea tridentata*）灌木丛和小叶林地中。

蓝舰拟步甲的成虫不会飞，它们是夜行性的，白天通常会躲在沙漠木本灌木植物或其残枝的下方。它们的鞘翅融合，紧闭的亚鞘窝有助于减少体内的水分从气门流失。膨大的前胸背板可为胸部内的内脏提供保护。这些甲虫显然是杂食性的，几乎能取食任何有机物。它们有时会被一种寄生蝇（*Catagoniopsis specularis*）寄生。与具有化学防御能力的拟步甲科甲虫不同，舰拟步甲属的物种没有任何类型的防御腺。

舰拟步甲属下还有其他 4 个物种。光舰拟步甲（*A. laevis*）和疣舰拟步甲（*A. papillosus*）有时与蓝舰拟步甲出现在同一生境中，但前两种的鞘翅上没有瘤状突起，因此很容易辨别。

蓝舰拟步甲是一种耐寒、长寿的动物，据记录，在人工饲养的条件下，它们可以存活长达 7 年。尽管在昆虫馆很受欢迎，且是一种热门的宠物，但由于其幼虫和蛹的发育要求保持适当的温度和湿度，因此在人工环境下很难培育。

装死

与拥有化学防御能力的拟步甲不同，蓝舰拟步甲没有臭腺。当受到攻击时，它会立刻停止不动、假装死亡——仰卧在地，足部僵硬，并在几个小时甚至更长的时间里一直保持这种伪装的姿态。

蓝舰拟步甲的鞘翅上布满了成排的瘤状突起,并覆盖着蓝白色的蜡质层,这有助于虫体保持凉爽,并防止水分通过外骨骼流失。这些杂食性甲虫大多是夜行性的,通常会躲在沙漠灌木丛的根部

Onychocerus albitarsis

白跗蝎天牛

世界上唯一会蜇人的甲虫

科	天牛科 Cerambycidae
显著特征	其触角能造成刺痛
成虫体长	14—21 毫米

　　白跗蝎天牛是一种体形矮胖厚实的南美洲甲虫，有着明显的黑色、棕色和白色的斑纹。幼虫发育时的首选宿主树种尚未知，但已知该属其他物种的幼虫都是在漆树科（Anacardiaceae）和大戟科（Euphorbiaceae）植物中发育的，这两个类群都有自身含毒的物种。成虫罕见，有时会被灯光吸引。这种甲虫主要栖息在玻利维亚、巴西、巴拉圭和秘鲁的亚马孙热带雨林以及大西洋沿岸的热带雨林中。

　　白跗蝎天牛之所以引人注目，是因为它是已知的唯一一种能用长且柔韧的触角蜇人的甲虫，早在 1884 年对这一现象就已有记录。这种螯针可能是蝎天牛对捕食者（鸟类、蜥蜴和猴子）的一种适应性，但它也能够刺穿人的皮肤。虽然对人没有致命性，但被蜇到仍会感到中度疼痛，并伴有轻度炎症；严重时甚至会引发急性疼痛，被蜇部位形成充满脓液的伤口，且周围红肿，症状会持续一周左右。

　　蝎天牛属下有 8 个种，大多数仅分布在南美洲。其中，粗壮蝎天牛（*O. crassus*）也出现在中美洲。蝎天牛属的天牛都有尖锐的触角，但只有白跗蝎天牛有球状的有孔末节，可以通过孔输送毒液。

　　在生物学中，通过被摄入、吸入或接触传播毒素的生物体被认为是有毒的生物；而能够分泌毒液的生物往往会通过特殊的结构（如刺毛、毒牙或螯针）将毒素注入其他生物体内。

　　大多数产生毒素的甲虫都被认为是有毒生物，但白跗蝎天牛更被认为是能够分泌毒液的生物，因为它能够通过尖端长有螯针器官的、非常灵活的触角来注射毒素。其触角节顶端膨大，可能含有化学物质。它的螯针器官与蝎子的类似，并具有成对的、槽状的开口，毒液可以通过开口输送。由于白跗蝎天牛过于罕见，科学家至今仍无法分析其毒液的成分。

螯针的解剖学

白跗蝎天牛触角的螯针器官与蝎子的类似。触角尖端处有一对凹槽，毒液通过凹槽从触角尖端的腺体排出。

在已知的8种蝎天牛属物种中，只有白跗蝎天牛能用触角尖端给其他生物带来针刺般的疼痛。成虫通常只在雨季开始时的夜晚出现在灯光下。这种甲虫斑驳的外表有助于它们在树干上休息时伪装自己

Acrocinus longimanus

长臂丑角天牛

名称源自其鞘翅上彩色的图案

科	天牛科 Cerambycidae
显著特征	雄虫利用其极长的前足来保护交配场所
成虫体长	30—78 毫米

长臂丑角天牛之名，源自其身上特有的橙色、黄色和黑色的由短柔毛构成的条纹图案，这些短柔毛在天牛死后很快就会褪色。雌虫和雄虫的前足都很长，雄虫的尤其长，大约是雌虫前足长度的两倍，而且在末端强烈弯曲。雄虫会利用前足来保护交配场所免受其他雄虫的攻击。在与其他雄虫进行对抗时，它们会保持足部垂直于身体，同时用头顶撞或用颚啃咬对手。该物种分布于从墨西哥中部到阿根廷北部的新热带界热带雨林中。

蛀木的长臂丑角天牛幼虫主要在无花果树中发育长大，但其现已成为对引进的面包树危害极大的害虫。由于其在原木中的取食活动加速了木材的分解以及其他无脊椎动物的定植，因此长臂丑角天牛被认为是以腐木为食的无脊椎动物群落的关键种。成虫通常出现在已死亡或腐朽的幼虫宿主树上，以树干流出的汁液为食。它们也会被夜晚的灯光吸引。

长臂丑角天牛因与 3 种伪蝎（*Cordylochernes scorpionides*、*Lustrochernes intermidius* 和 *Parachelifer lativittatus*）组成共生组合而为人熟知。这些小型捕食性蛛形纲动物完全依赖于长臂丑角天牛，它们不仅在天牛的身上交配，还会跟随天牛在原木和树桩之间移动。

长臂丑角天牛是丑角天牛属唯一的成员，与其他天牛物种都没有密切的关系。*Macropophora* 属的天牛与丑角天牛有相似之处：足相对较长，尤其是雄虫；身上的颜色图案也相似，但更加柔和。

微小的搭便车者

长臂丑角天牛因与 3 种伪蝎存在共生关系而为人熟知。这些小型捕食性蛛形纲动物依赖长臂丑角天牛移动到昆虫和螨虫滋生的原木和树桩上。它们不仅在甲虫身上搭便车，还将其作为交配场所。

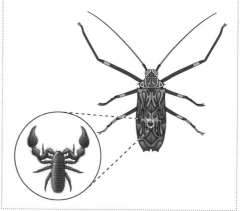

长臂丑角天牛是世界上辨识度最广
的甲虫之一。长长的触角和足令其
看起来非常奇怪。属名*Acrocinus*是由
德国昆虫学家约翰·基尔克·威廉
（Johann Kirk Wilhelm）于1806年命
名的，灵感来自天牛前胸背板两侧的
大棘刺

Eupholus schoenherrii schoenherrii

施氏艳象甲

世界上最丰富多彩的象甲之一

科	象甲科 Curculionidae
显著特征	其绚丽的色彩激发了技术创新
成虫体长	21—34 毫米

　　这个变化多样的物种通常呈带金属光泽的蓝色、绿色或蓝绿色，鞘翅上有 5 条黑色的横带，足呈亮蓝色；喙和触角的顶端是黑色的；跗节明显很宽。这种漂亮的象甲通常栖息在巴布亚新几内亚及其邻近岛屿的森林和公园中。

　　艳象甲属物种的身体上覆盖着微小鳞片，其表面极小的晶体结构能反射光线，它们鲜艳的体色正是由此而来。实际上，这些闪耀的虹彩结构色能够帮助它们很好地隐藏在昏暗热带森林里茂密的绿色植被中。尽管外表美丽，但人们对它们的宿主植物偏好知之甚少。由于一些艳象甲属物种是以对其他动物有毒的薯蓣叶为食，因此它们被认为是口感不佳的，而其鲜艳的体色也可能发挥了警戒色的作用。由于棕榈油的生产量不断增加，一些艳象甲的种群因栖息地丧失而受到威胁。

　　艳象甲属下共有 67 个物种，主要分布在巴布亚新几内亚和马鲁古群岛（Maluku Islands）的森林中，其中有很多种是世界上最美丽、最受摄影师欢迎的象甲。施氏艳象甲是以瑞典著名的鞘翅目昆虫学家卡尔·约翰·舍恩赫尔（Carl Johan Schönherr，1772—1848 年）的名字来命名的，舍恩赫尔曾发表过一些关于象甲的最早的综合著作。

　　根据施氏艳象甲体表颜色和图案的变化，人们在其分布范围内已确立了 4 个亚种：*E. s. schoenherrii*、*E. s. petiti*、*E. s. mimicanus* 和 *E. s. semicoeruleus*。

光子晶体

在艳象甲的外骨骼上嵌满了颗粒状的光学纳米结构——光子晶体。这些晶体能反射特定波长的光，使甲虫具有色彩斑斓的虹彩结构色。生物工程师已经仿造出这些晶体以及其他天然存在的光子晶体，以改进透镜涂层、光纤、灯泡和其他光学器件的色彩特性。

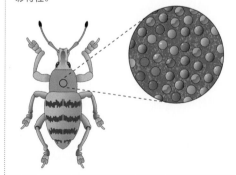

施氏艳象甲属于澳洲界的艳象甲族群，这个族群包含约300个物种。其中有许多物种都呈不同色度的蓝色，因此这个族群还有一个俗名：蓝精灵象甲

EVOLUTION, DIVERSITY & DISTRIBUTION
演化、多样性和分布

打开过去的窗户

对甲虫演化趋势的研究，揭示了地球上所有生命的起源。鞘翅目昆虫学家通过研究和分析现代甲虫的物理学、生物化学、行为学和动物地理学特征，以及化石残骸的结构特征和分布等，对甲虫的演化提出了假说。因其具有坚硬的外骨骼，特别是硬化的鞘翅，甲虫成为化石记录中最具代表性的昆虫之一。

>> 一只三锥象甲科（Brentidae）甲虫被完好地保存在一颗2300万至1600万年前的早更新世时期的琥珀中。在多米尼加共和国发现的琥珀中包含丰富的内含物，有利于科学家重建古代热带森林的生态系统

↗ 一只沼甲科（Scirtidae）甲虫被包裹在波罗的海的琥珀中。琥珀是石化的针叶树树脂，其内含物包括许多植物和动物，尤其是甲虫和其他昆虫。来自波罗的海的琥珀可追溯到4400万年前的始新世时期

　　甲虫的化石遗留大多是扁平的碎片，且通常只有鞘翅，以压型化石或印痕化石的形式保存在与古代湖泊有关的沉积岩层中。在压型化石中，氢、氧和氮元素都在化石化作用的过程中被去除了，剩下的碳残留物使得甲虫外骨骼的精细结构得以保存，但其原始的颜色和分子结构很难被保留下来（尽管有罕见案例保留了虹彩结构色）。而在印痕化石中保留下来的只是甲虫的形态铸模。这些"二维"化石所保存的甲虫的细节水平，取决于周围沉积物或基质的化学和物理性质。

　　被琥珀包含的古代甲虫是被完整保存下来的，呈三维立体状态。甲虫被困在从树木伤口渗出的新鲜树脂的黏性表面上，最终被树脂包裹。随着时间的推移，树脂变成琥珀，这些虫子也被精细地保存下来，有时它们的原始颜色和内部组织甚至都是完整的，包括DNA等亚细胞细节。

　　多年来，人们对三叠纪甲虫的研究几乎完全依赖于扁平的化石，而在这些化石中几乎没有对其分类有用的特征。最近，科学家利用同步辐射X射线显微成像技术，检查了三叠纪时期（2.3亿年前）的粪化石或石化恐龙粪便的成分，发现了保存完整的微小甲虫的化石。这些古老的食物残渣及其嵌入的甲虫化石被称为"新琥珀"，标志着一个激

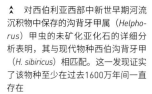
ʌ 对西伯利亚西部中新世早期河流沉积物中保存的沟背牙甲属（Helphorus）甲虫的未矿化亚化石的详细分析表明，其与现代物种西伯沟背牙甲（H. sibiricus）相匹配。这一发现证实了该物种至少在过去1600万年间一直存在

>> 在压型化石中，经过化石化作用后留下的碳残留物有效地保留了甲虫外骨骼的精细结构。在极少数情况下，虹彩结构色也能得以保留。这块吉丁虫的化石是从德国的梅塞尔化石坑挖掘出来的。这个曾经的采石场现已成为联合国教科文组织认定的世界自然遗产，富含昆虫和其他动物的化石，这些化石可追溯至大约4800万年前

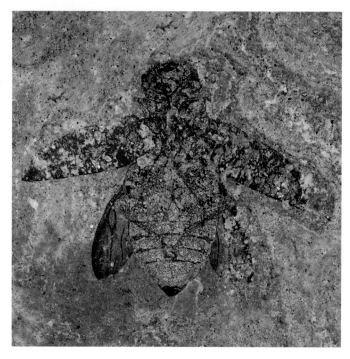

动人心的待探索的新领域。这些保存完好的内含物，不仅有助于揭示早于琥珀形成的甲虫的演化时期，也为食虫恐龙的食性研究提供了重要的见解。

在化石化的树叶、木头和其他植物组织中，可能包含潜叶甲虫和蛀干甲虫幼虫的摄食活动痕迹；蜣螂独特的地下巢穴及其育雏球（它们将卵产在小块的粪球中），也被发现与植食性恐龙的粪化石和巢穴有关。这些被保存下来的古代甲虫活动痕迹被称为遗迹化石，与保存了虫体本身的化石相比，遗迹化石能揭示更多古代甲虫生活的信息。

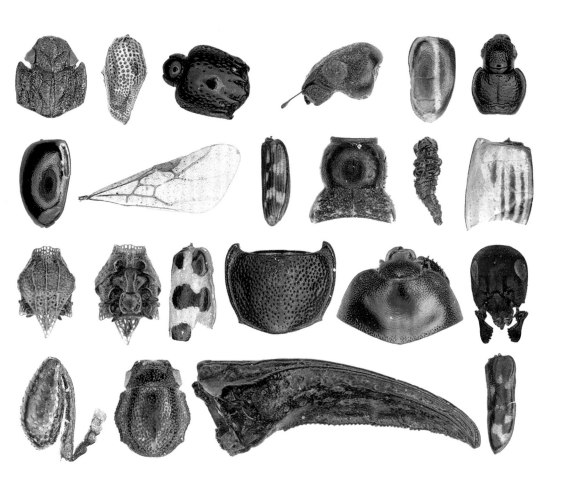

在相对较新的沉积物（2300 万至约 1.1 万年前）中，甲虫化石和亚化石（未被矿物取代的遗骸，石化程度较低）通常会被保存在河流沉积物、泥炭中，或者被封存在沥青中。例如，在美国加利福尼亚州南部的拉布雷亚沥青坑里，科学家在一只名叫"克莱德"的已灭绝骆驼的头骨内发现了已确认距今 4.4 万年的昆虫和其他节肢动物的碎片。与该沥青坑内所知的大部分已灭绝的更新世

◢ 在加利福尼亚州拉布雷亚沥青坑中，人们在一只已灭绝骆驼的头骨内发现了一组4.4万年前的甲虫和其他节肢动物的碎片。现存甲虫物种的遗骸表明，在晚更新世时期，洛杉矶盆地的气候比以前想象的更温暖、更干燥

哺乳动物不同，这些甲虫遗骸属于一种仍生活在该地区的物种，这表明在晚更新世时，洛杉矶盆地的气候并不像人们之前所认为的那样寒冷潮湿。

甲虫的起源

昆虫最早的祖先是陆生的，起源于泥盆世早期（约 4.2 亿至 4.1 亿年前），与生活在淡水中的鳃足类甲壳动物有着共同的祖先。然而，对现代昆虫及其亲缘关系的分子系统发生学分析表明，昆虫的起源要早得多。目前已知最早的有翅昆虫出现在大约 4 亿至 3.5 亿年前。全变态（或称完全变态）可能是石炭纪早期（约 3.5 亿年前）的昆虫演化出来的。

❯ 栎黑天牛（*Cerambyx cerdo*）通常被称为大摩羯座甲虫，被发现于英国泥炭沼泽里的木材中，这一标本被确定约有3785年的历史。栎黑天牛此前发现于欧洲中部和南部地区，这次在英国的发现，为人们了解青铜时代晚期当地的气候和森林状况提供了新的见解

现代甲虫的祖先类似于如今的广翅目昆虫（如齿蛉、鱼蛉和泥蛉）和一些脉翅目昆虫（如蚁狮、草蛉和蝶角蛉），它们的前翅逐渐转化为加厚的鞘翅。据推测，现代甲虫起源于石炭纪晚期（约 3.22 亿至 3.06 亿年前）。最古老的甲虫化石（*Coleopsis archaica*）发现于二叠纪早期（约 2.9 亿年前）的沉积物中。与其祖先相比，早期鞘翅目昆虫的体形更扁平，身体更坚固、更紧凑，触角和足更短，鞘翅没有任何能够紧贴胸部和腹部的脉纹。这种革新为后翅和腹部提供了更好的保护，并更有效地保存了身体的水分。

到了三叠纪中期，现今甲虫的四个亚目（原鞘亚目、藻食亚目、肉食亚目和多食亚目）都已经出现。目前已知的所有甲虫的主要谱系，到了侏罗纪晚期（1.64 亿至 1.44 亿年前）都已存在。

"新琥珀"

对 2.3 亿年前的恐龙粪化石的同步辐射 X 射线显微成像显示，其内部存在着被完整包裹的微小甲虫。这些非凡的粪化石内含物的发现，标志着科学研究新前沿的开始。

⅄ 图A—C分别展示了已灭绝的龙粪三叠藻食甲虫（*Triamyxa coprolithica*）的正模标本（载名标本）的背面、腹面和侧面视图，它也是已灭绝的三叠藻食科（Triamyxidae）的唯一成员。图D和图E展示了该物种另一个完整标本的腹面和正面视图。发现龙粪三叠藻食甲虫和其他甲虫的化石残骸的粪化石，初步认定属于恐龙形类的奥波莱西里龙（*Silesaurus opolensis*）

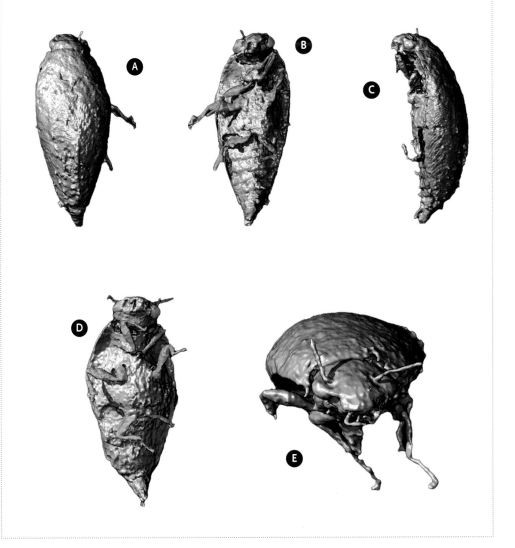

多样性的驱动因素

甲虫的成功要归功于它们在超过 3 亿年的时间里"磨炼"出来的身体和生理特性。鞘翅和亚鞘窝的演化，使得甲虫能在差异巨大的各种生境中生存和繁衍。由于体形相对较小且能飞行，古代甲虫在寻找食物和配偶的过程中能够跨越更远的距离，同时躲避捕食者，并利用其他生物未占用或未充分利用的生境。

除了能动性，甲虫的全变态发育（包括四个不同的阶段：卵、幼虫、蛹和成虫）令幼虫在形态和习性上与成虫都大不相同。这一革新不仅减少了亲代与子代之间的竞争，也使其能更好地适应四季分明的温带气候。

长期以来，人们一直认为甲虫多样性发展的最大驱动因素发生于中生代晚期（约6600 万年前）开始的"甲虫—植物协同演化"。从那时起，开花植物的多样性不断增加，直接导致了适应取食特定植物的甲虫发生辐射演化。人们曾经认为食草类甲虫消化各种植物组织的能力依赖于其肠道内的共生微生物。然而最近关于甲虫基因相互作用及其与环境互动（基因组学）的研究，以及对甲虫消化生理学的研究，为甲虫的高度多样性提供了另一种理论。

早在三叠纪和侏罗纪时期，大多数现代支系的甲虫在科级以上的分类多样化就已经到达了巅峰。因此，以被子植物（开花植物）为食的甲虫的多样性一定发生于开花植物出现之前。许多以植物为食的甲虫，已经通过细菌和真菌的水平基因转移获得了生产消化植物的重要酶的能力，而不再依赖肠道中共生的真菌和细菌来帮助消化植物。随着时间的推移，食草甲虫在消化植物组织方面变得更加高效，这为提高其取食植物的特异性奠定了基础。这也最终导致甲虫特化出食叶、食茎、蛀木、钻孔、食菌及其他特殊的食性。

简而言之，甲虫演化成功的原因，很可能是它们起源于石炭纪，加上在侏罗纪时期出现的多样化的现代系谱长寿的结果。因此许多植食性类群早已为能充分利用新出现的被子植物及其营养结构做好了准备。在甲虫的演化过程中，多个类群将生活方式从陆生变为水生，这进一步提高了甲虫的多样性。

对较老沉积物的化石分析通常只关注到科级或更高级的分类，因为物种级数据不易获得。但在晚第三纪至更新世（500 万至 1.1万年前）的沉积物中发现的相对较新的甲虫化石大都能鉴定到现代的属和种，这也是甲虫强大适应性的证明。

‹‹ 最古老的发育完全的 *Coleopsis archaica* 化石发现于德国早二叠纪（约2.85亿年前）的沉积物中。这三张照片分别用不同的技术进行拍摄，以揭示甲虫结构的微妙细节

∨ 对甲虫化石的精心研究，为鞘翅目的演化提供了重要的见解。在缅甸北部开采的琥珀中保存着这只具有9900万年历史的阎甲（*Cretonthophilus tuberculatus*）的化石。它的结构类似于现代的阎甲，表明它可能与蚂蚁有关

让混乱变得有序

分类学是对生物进行分类的科学和实践，包括对新物种的描述和命名，并将其分配到一个分层级的分类系统中。1758 年，随着《自然系统》（Systema Naturae）第 10 版的出版，卡尔·冯·林奈建立了一个基于比较解剖学的新的动物分类系统。

理想情况下，我们对甲虫的分类应反映它们基于共同演化史的自然关系。鞘翅目昆虫学家从基本生物学单位——"种"开始分类。在分类学所使用的所有分类单元中，只有"种"是在自然界中真实出现的，而其他分类单元（从属到界）都是人为构建的。每一个种都是由一群具有独特演化历史的杂交个体组成。分类学家通过研究种群中数量相对较少的个体，以描述的形式建立假说，详细阐述物种的物理属性和其他属性，这些属性将其与最相似的其他物种区分开来。

❯❯ 七星瓢虫（*Coccinella septempunctata*）是一种分布广泛的物种，是林奈于1758年正式描述的第一种瓢虫

分类学之父

林奈为每个物种分配了一个独特的学名（这一命名法被称为双名法或二名法），由一个属名和一个种名组成。属名和种名均源自拉丁语或希腊语，书写时需斜体，且只有属名的首字母需大写。双名法现在由《国际动物命名法法规》（简称 Code）管理，已成为公认的命名方式，这有助于分类学信息的存储和检索。《国际动物命名法法规》进一步规定了为动物命名以及在科学文献中正式发表的流程。

生物的分类，结合对其演化关系的研究，被称为系统学。系统学家利用支序系统学方法重建生物的演化史或系统发育。支序系统学基于类群的共有特征、演化时的新特征或衍生性状，来确定类群之间的系统发育关系。通过严格分析甲虫的多种特征，包括形态、行为、DNA、分布和可找到的化石记录，系统学家利用共同衍征（两个或两个以上分类单元共有的衍征）来推断其演化关系。系统发育关系的假设通常以支序图（俗称进化树）的形式来表示。基于系统发育关系（包括假定一个共同祖先的所有后代）的分类方式，有助于解释甲虫演化的机制。这种分类还具有更高的预测价值，因为它能揭示尚未观察到的鲜为人知的类群的特性。例如，假设甲虫 X、Y 和 Z 都拥有共同的祖先，甲虫 X 的幼虫喜欢取食的植物未知，但因甲虫 Y 和 Z 的幼虫都吃针叶树，那么甲虫 X 的幼虫很可能也以针叶树为食。

甲虫被归入节肢动物门，这是一个包含多个谱系的很大的门类，它们附肢分节，具有外骨骼，包括蛛形纲动物、马陆、蜈蚣、甲壳类动物和昆虫等几大类群。和所有昆虫一样，甲虫的身体通常分为三个部分，有六条足，成虫通常有两对翅。甲虫被归类于鞘翅目，与其他全变态发育的昆虫有所区别，部分原因在于它们独特的鞘翅。目前全球已知的 40 多万种鞘翅目昆虫被分为 4 个亚目和 193 个科。大量的形态学和分子研究都认可所有甲虫来自同一祖先群体的假说，但随着科学证据的更新，鞘翅目的 4 个亚目及其科之间的关系仍在不断修正。

支序系统学分析

包括甲虫在内的生物的演化史（或称系统发育），都是用支序系统学方法进行推断的。这种方法基于类群的共同特征以及演化时的新特征来确定系统发育关系。科学家通过对甲虫特征（形态、行为、分布、DNA等）的综合分析来构建假说，并以支序图来表示。

支序系统学分析通常从选择感兴趣的分类单元开始，选定的类群被称为内群，在下方的支序图中用分类单元 A 至 C 表示。随后需要确定这些分类单元的独特分类特征或区分特征。而检查其他分类单元（姐妹群 D 至 E 以及第二外群 F 至 G）的这些相应特征，有助于确定内群中哪些特征是衍生的（共同衍征——信息最丰富），哪些特征是原始的（祖征——信息最少）。支序图中的分支模式以图形的方式展示了内群共同演化史的假说。分支上的每一个点都代表着内群中一个后代的祖先。两个分支分叉处的节点代表着地质年代上的一个事件，在这个事件中，一个物种分化成了两个物种。每个节点上的分类单元通常都有相同的共同衍征。一个祖先及其所有后代组成的分支（或称进化枝）被认为是单系群。单系群是系统发育分类的理想假设。节间连接着代表地质年代事件的节点，这些事件导致了不同分类单元的演化。

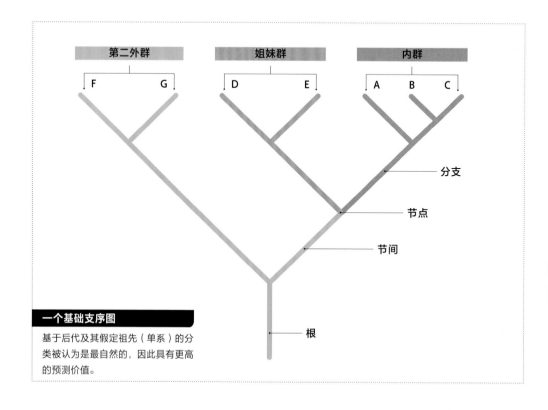

第二外群 F G
姐妹群 D E
内群 A B C

分支

节点

节间

根

一个基础支序图

基于后代及其假定祖先（单系）的分类被认为是最自然的，因此具有更高的预测价值。

Trichiotinus 属金龟的演化史

基于系统发育原理，这个支序图模拟了 *Trichiotinus* 属金龟（一种北美洲特有的斑金龟）的演化史。*Gnorimella* 属、臭斑金龟属（*Osmoderma*）和 *Trigonopeltastes* 属作为外群。*Trichiotinus* 属的单系群已被证实，其两个主要谱系为导致其物种形成的事件提供了解释。

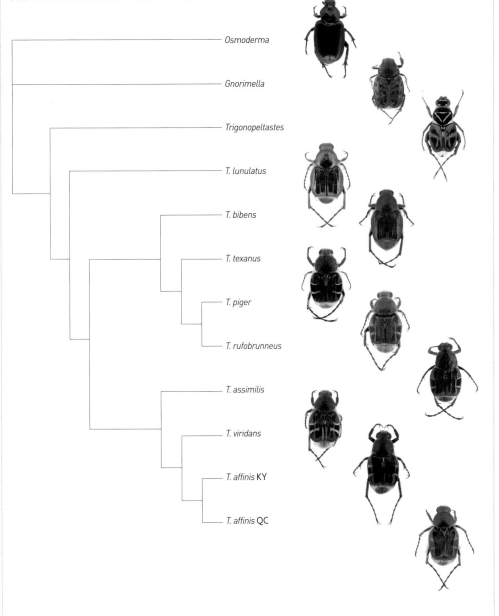

Osmoderma

Gnorimella

Trigonopeltastes

T. lunulatus

T. bibens

T. texanus

T. piger

T. rufobrunneus

T. assimilis

T. viridans

T. affinis KY

T. affinis QC

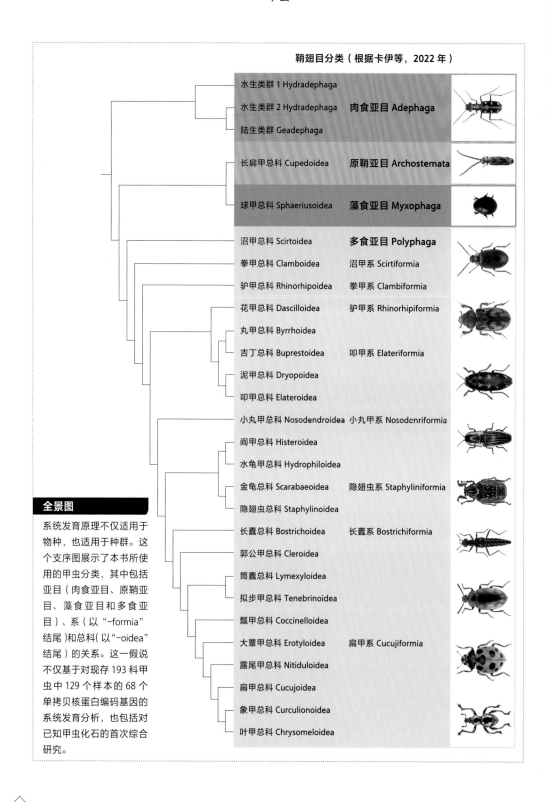

鞘翅目分类（根据卡伊等，2022 年）

水生类群 1 Hydradephaga

水生类群 2 Hydradephaga　　**肉食亚目 Adephaga**

陆生类群 Geadephaga

长扁甲总科 Cupedoidea　　**原鞘亚目 Archostemata**

球甲总科 Sphaeriusoidea　　**藻食亚目 Myxophaga**

沼甲总科 Scirtoidea　　**多食亚目 Polyphaga**

拳甲总科 Clamboidea　　沼甲系 Scirtiformia

驴甲总科 Rhinorhipoidea　　拳甲系 Clambiformia

花甲总科 Dascilloidea　　驴甲系 Rhinorhipiformia

丸甲总科 Byrrhoidea

吉丁总科 Buprestoidea　　叩甲系 Elateriformia

泥甲总科 Dryopoidea

叩甲总科 Elateroidea

小丸甲总科 Nosodendroidea　小丸甲系 Nosodenriformia

阎甲总科 Histeroidea

水龟甲总科 Hydrophiloidea

金龟总科 Scarabaeoidea　　隐翅虫系 Staphyliniformia

隐翅虫总科 Staphylinoidea

长蠹总科 Bostrichoidea　　长蠹系 Bostrichiformia

郭公甲总科 Cleroidea

筒蠹总科 Lymexyloidea

拟步甲总科 Tenebrinoidea

瓢甲总科 Coccinelloidea

大蕈总科 Erotyloidea　　扁甲系 Cucujiformia

露尾甲总科 Nitiduloidea

扁甲总科 Cucujoidea

象甲总科 Curculionoidea

叶甲总科 Chrysomeloidea

全景图

系统发育原理不仅适用于物种，也适用于种群。这个支序图展示了本书所使用的甲虫分类，其中包括亚目（肉食亚目、原鞘亚目、藻食亚目和多食亚目）、系（以 "-formia" 结尾）和总科（以 "-oidea" 结尾）的关系。这一假说不仅基于对现存 193 科甲虫中 129 个样本的 68 个单拷贝核蛋白编码基因的系统发育分析，也包括对已知甲虫化石的首次综合研究。

分布

动物地理学是研究动物分布的生物学分支学科，研究甲虫的自然分布模式，为动物地理学研究提供了重要的地理和历史数据。

动物地理学家与其在植物界的同行——植物地理学家，一同将世界划分为不同的生物地理区界。根据所研究的动物和植物不同，生物地理分区的数量和边界有很大差异。大多数基于动物的生物地理学研究更侧重于脊椎动物，而关于甲虫的研究则通常集中在某个科、亚科或族上。对栖息于不同大陆（如南美洲南部、澳大利亚和新西兰）的关系密切的分类单元的研究，为证明这些大陆块曾经连接在一起提供了进一步的证据。甲虫和其他特定昆虫的系统发育假说，有助于人们理解板块运动，反之亦然。

无论是用于生物防治，还是"搭乘"各类产品或交通工具的"顺风车"，在人类活动的影响下，一些甲虫几乎遍布全球。由于缺乏自然的制衡（如捕食者、病原体、寄生虫等天敌），这些甲虫可能会成为其新家园的害虫。

动物地理分区

科学家根据特定生物群的存在与否，将世界分为几大生物地理区域。很久以前，生物地理学家就根据脊椎动物划分出了 6 个动物地理分区，并在随后对特定动物类群分布的研究中，对这些分区进行了不同程度的修改或细分。

图例

■ 新北界　　　■ 古北界　　　■ 东洋界

■ 新热带界　　■ 热带界　　　■ 澳大利亚界

Omma stanleyi
斯坦利眼甲

罕见且古老

科	眼甲科 Ommatidae
显著特征	属于古老的甲虫谱系
成虫体长	14—27.5 毫米

　　斯坦利眼甲身体细长、略微扁平，体色呈相对均匀的棕色，全身覆盖着短而细长的黄色刚毛；其前口式的头部在眼后突然变窄，下颚和下唇须相对较短，不及眼睛；前胸背板稍宽，长有均匀的刚毛，有着粗糙的瘤状小突起；鞘翅的长是宽的两倍，中间最宽，没有隆起的脊或瘤状突；腹节彼此相接，并不重叠。该物种分布于澳大利亚东部，栖息在包括昆士兰州、新南威尔士州、南澳大利亚州和维多利亚州的干燥的桉树林中。

　　关于斯坦利眼甲的自然史，人们知之甚少。它们的成虫被发现于松弛的桉树树皮下，受到干扰时会假死。研究人员从单个解剖标本的胃部内含物中发现了大量类似花粉或真菌孢子的东西。其幼虫的习性未知，但很可能生活在真菌滋生的木材中。

　　眼甲科是原鞘亚目（最古老的甲虫类群之一）中现存的 4 个科之一，有 6 个现存物种，分属于 3 个属。四瘤长扁甲属（*Tetraphalerus*）包含 2 个物种：*T. bruchi* 和 *T. wagneri*，它们分布于阿根廷、玻利维亚（可能也包括巴西）的开阔、干旱的灌木丛中。*Beutelius* 属栖息于澳大利亚东部茂密的森林中，包含 4 个物种：*B. mastersi*、*B. sagitta*、*B. reidi* 和 *B. rutherfordi*。眼甲属（*Omma*）是根据现存的单一物种——斯坦利眼甲以及 14 种中生代的化石种划分出来的，以 *O. liassicum* 为代表的最古老的化石证据可以追溯到三叠纪晚期。这些化石证据显示，眼甲属物种以前的分布范围更广，曾出现在劳亚古大陆（如今已成为亚欧大陆）。

　　由于针对成虫和幼虫的形态学研究，对于了解甲虫的演化至关重要，而令人遗憾的是，眼甲科物种的标本很少，人们对这一类群的演化研究仍举步维艰。

微型的眼甲

Miniomma chenkuni 是一种化石种，是在缅甸北部开采的白垩纪中期的琥珀标本中发现的。其体长不超过 2 毫米，是所有已知的眼甲科物种中体形最小的。

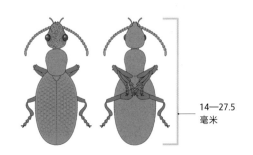

14—27.5
毫米

斯坦利眼甲是眼甲属现存的唯一成员。人们对该物种的生物学特征知之甚少，对其幼虫更是一无所知。成虫被偶然发现于松弛的桉树树皮下，当其受到干扰时会假死

Crowsoniella relicta

遗微鞘甲

只有 3 个样本

科	微鞘甲科 Crowsoniellidae
显著特征	系统发育关系尚不清楚
成虫体长	1.3—1.7 毫米

　　遗微鞘甲是一种非常小的甲虫，身体扁平，体色呈红黄色至深棕色；鞘翅光滑，没有鳞片、瘤状突起或脊线；前口式的口器缩小，没有后翅；每只复眼仅由几个小眼组成；棒状触角由 7 个触角节组成，最后一节呈球状；前胸背板的前外侧边缘有容纳触角的凹槽；中胸和后胸的腹侧骨片与第一节腹片融合。这个物种目前仅发现于意大利中部的拉齐奥大区。

　　遗微鞘甲可能是腐食性的，或取食腐烂的木材。特化的、缩小的口器表明，它们要么只吸取液体食物，要么根本不进食。人们对其幼虫或整个生命周期一无所知。

　　遗微鞘甲是微鞘甲属（*Crowsoniella*）的唯一物种，也是微鞘甲科的唯一成员。这种神秘甲虫的系统发育位置一直备受关注。因其有许多罕见的特征，所以很难确定它与其他甲虫的关系。最近的研究将其与长扁甲科（Cupedidae）、眼甲科和复变甲科（Micromalthidae）一起归入原鞘亚目。微鞘甲属与所有这些科的物种的区别在于其棒状的触角、缩小的复眼以及无鳞片或有矩形小孔的光滑的鞘翅。有人曾认为它可能是长扁甲科的一个高度衍生的物种。

　　遗微鞘甲是欧洲唯一有代表性的原鞘亚目物种。据报道，1973 年，在莱皮尼山脉（Lepini Mountains）的一片繁茂树林中的一个退化的牧场里，人们在一棵老栗树根部冲刷出的深层钙质土中发现了 3 只雄虫。为了在该模式产地找到更多的遗微鞘甲，美国、意大利和其他国家的鞘翅目昆虫学家付出了很多努力，但未能有任何收获。

鞘翅目的难题

由于存在诸多独有的特征，确认遗微鞘甲的系统发育关系给研究甲虫演化的科学家带来了一个挑战。尽管人们为寻找更多标本付出了相当的努力，但目前只有 3 个样本，这更增加了挑战的难度。

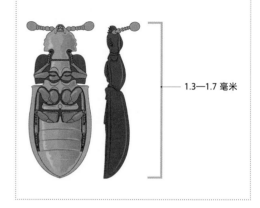

1.3—1.7 毫米

遗微鞘甲是微鞘甲科现存的唯一成员，人们对其生物学特征一无所知。尽管进行了密集的搜索，但目前只发现了3个雄虫样本，且都是从意大利一棵古老栗树的根部土壤中采集到的

Thinopinus pictus

缀纹海滨隐翅虫

隐秘且不会飞

科	隐翅虫科 Staphylinidae
显著特征	沙滩上的捕食者
成虫体长	12—22 毫米

缀纹海滨隐翅虫是一种不会飞、体形粗壮的甲虫，体色呈浅黄棕色或奶油色，有醒目的黑色斑纹；鞘翅短且交叠，会露出腹部。白色的幼虫与成虫相似，但没有颚齿和鞘翅，胸部大部分是黑色的。该物种分布在美国阿拉斯加州南部到墨西哥下加利福尼亚州的太平洋沿岸，包括加利福尼亚州南部海岸的海峡群岛（Channel Islands）。

从夏末到初秋是缀纹海滨隐翅虫雌虫产卵的时期，其一次只产 2 到 3 枚卵。成虫和幼虫全年生活在海滩的上潮间带，在海水中也能短期存活。缀纹海滨隐翅虫会随着潮汐的季节性变化而移动。白天的时候，它们会躲在临时的洞穴里，或是藏在被冲上岸的海藻和其他碎屑物之下；在夜晚的低潮期，它们会主动捕猎或伏击那些刚刚抵达或正准备离开海藻堆的小型无脊椎动物。尽管海滨隐翅虫属（*Thinopinus*）的首选猎物是加利福尼亚击钩虾（*Megalorchestia californiana*），但它们也会攻击等足类、蝇类和海滩上其他小型无脊椎动物。它们会用镰刀形的上颚抓住猎物，并向其注射消化酶。

缀纹海滨隐翅虫是海滨隐翅虫属唯一的成员，它与其他隐翅虫，尤其是生活在海滩上的隐翅虫的区别在于，其体形更大、外形独特、鞘翅交叠。

生活在深色火山砂环境下的缀纹海滨隐翅虫北方种群体色更深，而生活在浅色石英砂环境中的南方种群体色则较浅。这种颜色形态的演变可能是无翅和捕食压力共同作用的结果。由于无法飞行，所以生活在不同海滩上的种群无法进行杂交繁殖，限制了基因的流动。此外，捕食者的选择压力让能更好地融入周围环境的隐翅虫更有优势。由于其扩散能力有限，对栖息地的偏好较窄，加利福尼亚州南部的缀纹海滨隐翅虫种群日益受到包括海岸开发和侵蚀在内的各种人类活动的威胁。

➤➤ 缀纹海滨隐翅虫的夜行性成虫和幼虫生活在海滩的上潮间带，捕食加利福尼亚击钩虾和其他生活在潮湿沙滩上海藻堆附近的小型无脊椎动物

Helophorus sibiricus

西伯沟背牙甲

一种活化石

科	沟背牙甲科 Helophoridae
显著特征	已知现存最古老的甲虫之一
成虫体长	4.1—7 毫米

　　西伯沟背牙甲呈细长的椭圆形，背部有青铜色光泽，足相对较长；头部和前胸背板覆有致密、粗糙的颗粒，每个颗粒上都长有一根细小、坚硬、略微弯曲的刚毛；前胸背板有 7 道发育完全的沟槽；鞘翅的脊在基部更为明显，两侧有成排的粗孔。这种全北界的物种目前分布于亚欧大陆北部、美国的阿拉斯加州、加拿大的育空地区及西北地区的最西部。

　　人们对西伯沟背牙甲的幼虫一无所知，但根据其他沟背牙甲属幼虫的习性，推测它们很可能是半陆生半水生的捕食者。成虫是腐食性动物。这种耐寒的物种生活在北方和亚北方的生境中，似乎更喜欢栖息于临时水坑、沼泽、湖泊边缘的浅泥水中。浸没在水中的甲虫会让头部后方接触水面，抬起触角形成一个漏斗，通过漏斗吸入空气并使其保持在身体下方，以此来补充空气。

　　沟背牙甲属是沟背甲科下唯一的属，包含191 个种，且几乎都生活在全北界。大多数是水生的，只有少数物种是半水生的，栖息在水域以外的生境。沟背牙甲属的不同物种彼此非常相似，并表现出高度的种内变异性，这使物种鉴定变得困难。西伯沟背牙甲比大多数种类都要大，属于 *Gephelophorus* 亚属，这个亚属还有另一个种——小麦沟背牙甲（*H. auriculatus*）。西伯沟背牙甲仅分布于古北界，可以通过其前胸边缘的形状和其他外部特征与其他物种进行区分。

　　▶▶　西伯沟背牙甲分布于全北界。幼虫可能是半陆生半水生的捕食者；成虫主要栖息在浅水池、沼泽和湖泊边缘，食腐

Odontotaenius disjunctus

具角黑艳甲

一种"会说话"的亚社会性甲虫

科	黑蜣科 Passalidae
显著特征	这种甲虫的亚社会行为、生理学和肠道微生物组被广泛研究
成虫体长	28—37 毫米

具角黑艳甲又称具角美黑蜣、漆皮虫，身体细长且壮实、略微扁平，有黑色光泽；头部有一个厚且弯曲的角，上颚很明显；沿着前胸背板的中线有一道深沟，鞘翅有很多深刻的沟槽。该物种广泛分布于加拿大的安大略省至美国的佛罗里达州，西可至马尼托巴省、明尼苏达州、内布拉斯加州东南部和得克萨斯州东部。

具角黑艳甲的成虫和幼虫都常见于腐烂的大树枝、原木以及阔叶树和松树树桩的树皮下。它们通常生活在虫道内，由重叠的数代甲虫组成松散的群落，成虫会不断啃食虫道并提供保护。虫道为幼虫提供栖息地，同时加速了木材的分解。成虫和幼虫一起分享被预先消化的木材和蛀屑，这些蛀屑含有重要的肠道共生体和微生物，对甲虫消化木材至关重要。有几种寄生虫会寄生在甲虫身上，包括甲螨和线虫。成虫在黄昏时飞行，有时在飞行时交配，偶尔会被灯光吸引。

黑艳甲属（*Odontotaenius*）共有 11 个种，大多数出现在新热带界的森林中。佛罗里达黑艳甲（*O. floridanus*）是另一种分布于墨西哥以北的物种，仅分布于佛罗里达中部的沙丘地区。尽管与具角黑艳甲相似，但佛罗里达黑艳甲的前胫节更宽，角也没那么弯曲。

成虫会利用位于第 5 腹节的一对像划板一样的椭圆形小片发出吱吱声，从而与幼虫交流。当其微微抬起腹部，将小片与膜质后翅上的硬化褶皱相摩擦，就能发出声音。人们已经记录了它们发出的 14 种信号，每种信号都与特定的行为相关，包括攻击、求爱，或是对威胁和其他干扰的反应。幼虫在回应时，会用其短短的爪状后足在位于中足基部的脊上快速振动。成虫和幼虫发出的吱吱声可能会威慑一些捕食者，这种声音人类也能听到。根据幼虫依赖成虫获取食物以及共生微生物这一现象，人们推测具角黑艳甲与其后代之间的交流可能有助于保持它们之间的紧密联系。

具角黑艳甲的成虫会发出吱吱声来与幼虫交流。人们已经记录了它们发出的14种不同的信号，每种信号都与特定的行为相关。幼虫回应时，会用短短的爪状后足在位于中足基部的脊上快速振动

Aethina tumida

蜂箱奇露尾甲

幼虫吃蜜蜂的幼虫及其食物

科	露尾甲科 Nitidulidae
显著特征	对欧洲的蜜蜂危害极大
成虫体长	5—7 毫米

　　蜂箱奇露尾甲呈宽椭圆形，体色黑色，前胸边缘颜色较浅，背部覆盖着适量的浅色短柔毛，柔毛往两侧变得更长、颜色更淡。该种原产于撒哈拉以南的非洲地区，自 20 世纪 90 年代中期以来，被意外地引入了世界许多地区，包括美国（1996 年引入）、澳大利亚和加拿大（2002 年）、牙买加和葡萄牙（2005 年）、墨西哥（2007 年）、菲律宾和意大利（2014 年）以及韩国（2016 年）。据报道，它们偶尔会侵扰熊蜂的巢穴。

　　蜂箱奇露尾甲的成虫在黄昏时开始飞行，很可能会被蜜蜂及蜂巢产生的气味吸引。当进入蜂巢时，蜂箱奇露尾甲会立即进入蜂巢的各种裂缝中，以避免工蜂的攻击。而蜜蜂会守在这些裂缝的出口处，防止甲虫逃跑。被"困"在裂缝里的蜂箱奇露尾甲，会用触角摩擦蜜蜂的上颚来索取食物，当蜜蜂回应时便会反刍蜂蜜和花蜜。

　　进入蜂巢的雌虫在裂缝中产下大量珍珠白色的卵，其一生中可产下多达 1000 枚卵。幼虫孵化后约两周至一个月就会停止进食，并离开蜂巢、准备化蛹。当找到合适的地点，幼虫会在土壤中向下钻出一个不足 10 厘米长的洞，在这一土制的蛹室中化蛹。成虫大约在化蛹一个月后出现。

　　在撒哈拉以南的非洲地区，蜂箱奇露尾甲通常出现在蜂箱中，但不会危害健康的蜂群。然而在其他地方，这些甲虫的幼虫会对蜜蜂幼虫、蜂蜜库和花粉库造成严重损害。

食蜂者

蜂箱奇露尾甲的幼虫不仅会捕食蜜蜂幼虫，还会吃蜜蜂的食物（蜂蜜、花粉等）。幼虫成熟后会停止进食，离开蜂巢，将自己埋在土壤中化蛹。

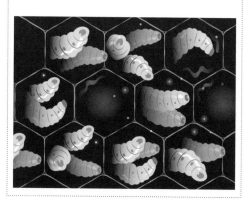

>> 蜂箱奇露尾甲进入蜂巢，向蜜蜂索取食物。雌虫将卵产在蜜蜂无法进入的裂缝内。虽然甲虫幼虫会吃蜂蜜和花粉，但它们更喜欢吃蜜蜂幼虫。有大量甲虫出没的蜂巢，很快就会被蜜蜂遗弃

Harmonia axyridis

异色瓢虫

有益的害虫捕食者，还是害虫？

科	瓢虫科 Coccinellidae
显著特征	由于其越冬行为，通常被视为害虫
成虫体长	4.8—7.5 毫米

异色瓢虫身上的颜色和图案具有极大的变异性：前胸背板有多至 5 个黑点，这些黑点通常会连接成 "M" 形标记或是实心的梯形；鞘翅通常是红色或橙色的，每一瓣都有多达 10 个大小不一的黑点，如果鞘翅是黑色的，则其上有 2—4 个红点。该种在北美洲和欧洲西部都有大量的分布。

异色瓢虫的成虫全年栖息在乔木和灌木上，会被灯光所吸引。雌虫会在被其他昆虫寄生的植物的叶片的背侧产下多至 20 枚细长的黄色卵。卵在大约 5 天后孵化。幼虫比大多数本地种的幼虫个头大，大约 2 周后完成发育。几天后，成虫从蛹中钻出，可能存活一年或更长时间。成虫和幼虫都以蚜虫、蓟马、介壳虫、蛾卵和螨虫等为食。和其他瓢虫一样，异色瓢虫也会从足关节产生黏稠、恶臭的黄色液滴，以威慑捕食者。

瓢虫也被称为 "lady beetles" "ladybugs" "ladybirds"，全球范围内有 6000 多种瓢虫。异色瓢虫属（*Harmonia*）包含 15 个种，其中大部分分布在亚欧大陆东部、东南亚地区和澳大利亚。

异色瓢虫最初是作为蚜虫和其他植物害虫的生物防治剂而被引入北美洲的。和其他本地瓢虫一样，异色瓢虫会集成大群一起越冬。秋季时，随着天气变冷，它们通常会成百上千地聚集在房屋和附属建筑物朝东或朝南的浅色墙壁上，最终穿过房屋结构的缝隙进入室内，从冬季待到春季。正是由于它们的这种越冬行为，每年都会有一些房屋和建筑物受到侵扰，这让很多人视其为害虫。尽管如此，异色瓢虫依然是许多害虫的有效捕食者，所以它们应该被宽待。

➤➤ 异色瓢虫在英国被称为 "harle-quin ladybird"，是最近才从欧洲其他地区传到英国的。跟许多瓢虫一样，该物种的卵呈亮黄色或黄橙色

Necrobia violacea

青蓝郭公虫

几乎是全球性的干肉制品害虫

科	郭公虫科 Cleridae
显著特征	古代遗迹揭示了其历史生物地理学特征
成虫体长	3.2—4.5 毫米

青蓝郭公虫，有时被称为"周游世界的蓝骨甲虫"，身体呈凸起的椭圆形，体色呈均匀的泛金属光泽的绿色或蓝色；附肢大部分为深棕色至黑色，腹部为棕色；头部和前胸背板有着密集、微小的孔；鞘翅上有一排排较大的呈点状的孔，孔与孔之间有宽阔的空隙。这种甲虫几乎遍布全球。

尸郭公甲属（*Necrobia*）的物种都被发现于昆虫和螨虫滋生的尸体以及储存的干肉制品（包括鱼干）中。青蓝郭公虫的成虫在春季和夏季十分活跃，喜欢取食干骨、皮革以及有干肉残留的干皮毛，培根和其他烟熏或腌制的肉类也是它们的食物。它们对法医学起不到什么作用，因为它们喜欢的是腐烂到最后阶段的尸体，幼虫不吃腐肉，而是会捕食在尸体上发育的其他昆虫的幼虫，包括皮蠹属的幼虫。

除了青蓝郭公虫，尸郭公甲属还有另外两种现存的物种，它们原产于欧洲、亚洲和非洲，现在被认为是全球性广布的。红足郭公虫（*N.*

rufipes）与青蓝郭公虫相似，但有明亮的红棕色或橙色的足。赤颈郭公虫（*N. ruficollis*）的前胸背板、鞘翅基部和足都是红色的。

因与人类改变环境有关，青蓝郭公虫长期以来一直被认为是从欧洲传入北美洲的。后来，人们在一只有 4.4 万年历史的骆驼头骨内保存的昆虫和其他节肢动物碎片中发现了该物种，这清楚地证明了在人类到来之前，这种甲虫就已经出现在北美洲了。而该物种是本来就分布于北半球，抑或是原产于北美洲，后来通过人类活动无意被引入欧洲、亚洲和非洲，目前尚无定论。

>> 像尸郭公甲属的其他种类一样，青蓝郭公虫理所当然地会出现在节肢动物滋生的尸体上，它们（及幼虫）主要捕食螨虫和其他昆虫的幼虫。该物种几乎算是全球性的干肉制品害虫

Rhagium inquisitor
松皮花天牛
朽木的重要回收者

科	天牛科 Cerambycidae
显著特征	耐寒，血淋巴具有抗冻性
成虫体长	9—21 毫米

　　松皮花天牛是林奈最早描述的天牛之一。这种甲虫个头中等，体形粗壮；背部虽然看起来呈灰色，但实际上是黑色的，有着不规则的斑点和条纹；头部和前胸近乎等宽，宽度大约是鞘翅的一半；触角短且粗，前胸背板侧缘隆起，鞘翅有明显的棱纹，这些都是其独有的特征。该种广泛分布于北半球。

　　松皮花天牛的成虫在春天和夏天都很活跃。雌虫会在针叶树，尤其是松树的树皮缝隙中产下细长的白色卵。它们更喜欢死去不久的树木，以及因真菌感染而衰弱或死亡的树木。幼虫在 2—4 周内孵化，呈黄白色，略微扁平，头部宽且呈棕色。它们会钻过树皮并进入形成层，通常需要 2—3 年才能发育完成。化蛹发生在夏末至初秋时期，幼虫会紧贴在树皮下方，在一个由粗糙、交织的木质纤维构成的浅椭圆形环内完成。幼虫、蛹和成虫均在树皮下越冬。成虫会留在蛹环内，直到初春羽化。

　　皮花天牛属包含分布在亚欧大陆的 3 个亚属、23 个种，其中只有松皮花天牛分布在北美洲。虽然没有重要的经济学意义，但科学家对松皮花天牛特别感兴趣。对这些耐寒甲虫的研究，最近都集中在帮助其血淋巴发挥抗冻作用的蛋白质上。此外，人们对其幼虫产生的消化酶也很感兴趣。与许多蛀干甲虫的幼虫一样，

　　松皮花天牛的幼虫在腐烂的树桩、原木和倒木的分解与回收方面发挥着重要作用。在蛀干甲虫高度密集的情况下，活跃且具有攻击性的松皮花天牛幼虫会杀死其他蛀干甲虫的幼虫，包括有害的皮蠹。

成长中的甲虫

长得粗壮又有点扁平的松皮花天牛幼虫，需要 2—3 年才能发育完全。在高度密集的情况下，这些幼虫会变得具有攻击性，并杀死皮蠹和其他蛀干甲虫的幼虫。

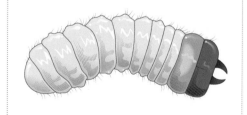

耐寒的松皮花天牛广泛分布于北半球。科学家对这种甲虫特别感兴趣，因为它们能够产生帮助血淋巴发挥防冻作用的蛋白质。它们的幼虫在腐烂的树桩、原木和倒木的分解和回收方面有着重要的作用

COMMUNICATION, REPRODUCTION & DEVELOPMENT

交流、繁殖和发育

时空同步

　　甲虫的寿命往往只有几个月，有的甚至只有几周，因此它们没有时间浪费生命，尤其是在寻找配偶方面。经过数亿年，它们演化出了依靠嗅觉、视觉和听觉的沟通策略。

^ 有些甲虫并不依靠信息素来寻找配偶，而是依靠视觉或触觉信号。比如西澳大利亚州的贝氏类土吉丁甲（Julodimorpha bakewelli），雄虫会寻找比自己大得多的雌虫，并会将废弃的啤酒瓶错认为目标

<< 这只雄性欧洲鳃金龟（Melolontha melolontha）具有扁平的板状触角，这种触角被称为鳃瓣，当鳃瓣紧密地折叠在一起，就形成向一侧倾斜的棒状结构；当展开时则变成扇形。鳃瓣上有专门的感觉器官，可以检测到雌虫释放的少量信息素分子

信息素

许多甲虫利用信息素（或称性诱剂）来远距离吸引和定位配偶。使用这一策略的雄虫通常具有复杂的触角结构，这可以增加其感觉器官的有效表面积，使其变得极其敏感。这些感觉器官能够从相当远的距离检测到雌虫的信息素分子，使雄虫得以追踪隐藏在落叶或植物丛中的雌虫。

生物发光

　　萤科（萤火虫）、花萤科和叩甲科的甲虫是人们最熟悉的能发光的甲虫。它们发出的黄绿色、红色、蓝色或白色的光，来自其位于腹部（萤科、花萤科）或前胸（叩甲科）的特殊器官。

　　对于成年萤火虫，生物发光与性选择有关，又具有防御功能：发光使它们能够找到配偶，同时警告捕食者它们并不好吃。当钙、腺苷三磷酸和萤光素在萤光素酶的作用

∧　萤火虫是所有发光生物中最为人熟知的。它们发出的黄绿色、红色、蓝色或白色的光，是由位于其腹部的特殊器官产生的。在成虫身上，生物发光不仅是两性交流的一种手段，也能警告捕食者自己并不好吃

≫　萤火虫的发光器官含有一种特殊的光细胞，这些光细胞能够通过精细分支的气管系统获得充足的氧气供应。最近，人们利用同步相位对比显微层析和X射线显微镜技术，首次展示了萤火虫气管系统的细节，如这张显微照片中的黄色和蓝色所显示的那样

下与氧结合时，就会产生光。位于发光器官（又称发光器）内的特殊细胞被称为光细胞，通过精细分支的气管系统获得充足的氧气供应。萤火虫的神经系统能够控制到达每个光细胞的氧气量，氧气与一氧化氮、章胺和过氧化氢一同作用，影响光的颜色、亮度和持续时间。

雄性萤火虫会产生物种特有的、时间精确的发光模式，表现为一系列点、长划、条纹或连续的光辉。栖息在低矮植被中接收到信号的雌虫，则会发出独特的光或不间断的微光来回应。萤火虫的生物发光效率几乎达到 100%，进入这个系统的能量几乎都以光的形式释放出去了。相比之下，我们熟知的白炽灯的发光效率就很低，有高达 90% 的电能会被转化为热量散失。

雄性萤火虫在夜间空中飞行，寻找通
常静止不动的雌性萤火虫时，会产生
独特的、物种特有的发光模式。雌虫
对信号做出反应时，也会发出特有的
闪光

⋏ 报死材窃蠹会在老房子和其他建筑的橡木结构中啃出小蠹虫道。雄虫会用头部敲击虫道的"墙"来吸引雌虫

敲击者、鼓手和破烂王

雄性报死材窃蠹（俗称"报死虫"）会用头敲击木质虫道的"墙"来吸引雌虫，雌虫则会用轻拍来回应雄虫。在夏季安静的夜晚，人们通常能在老化的橡木木材中听到报死材窃蠹的动静，这些木材受到真菌的侵蚀，尤其是在老房子和其他历史建筑中。在欧洲，人们总是在寂静的临终守夜时听到报死材窃蠹的这种两性交流声，因此其长期以来都被解释为死亡的预兆。

大多数甲虫都会通过不同身体结构的相互摩擦来发出声音。一个结构的表面有微小的隆起，而另一个结构则有一个尖脊或一系列脊、刺或颗粒，作为刮擦的工具。甲虫在求偶时、与其他甲虫对抗时，或发生应激反应时都会摩擦发声。当受到攻击时，一些牙

这些甲虫有节奏

生活在非洲南部的敲拟步甲属（*Psammodes*）甲虫"Toktokkie"，栖息在森林、山区和沙漠中。这种甲虫的雄虫会快速地用腹部敲击岩石底部，发出"tok-tok"的敲击声，雌虫则以同样的方式回应。作为拟声词，"Toktokkie"也常被用作所有拟步甲的通称，无论它们是否会敲击发声。

摩擦发音

欧洲锹甲一生的大部分时间都以幼虫的形态度过，它们生活在腐朽的树桩和原木中，可以发出连续短促的"嗒嗒"声。幼虫会将中足基节背面的一系列隆起（被称为"发声部"）与后足转节上的一系列螺纹（被称为"拨片"）相互摩擦、发出声音。但它们摩擦发声的原因仍是个谜，也许是为了防御。还有一种假设认为，幼虫将振动传递到周围基质，可以防止附近的同类幼虫过于靠近自己。

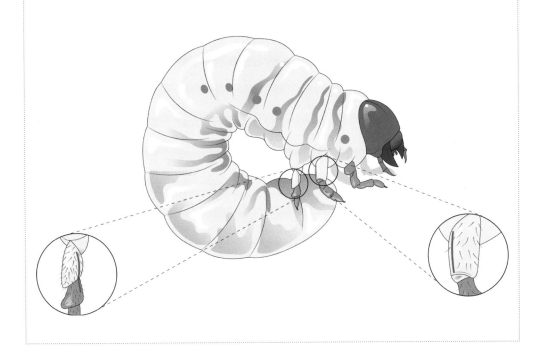

甲、吉丁虫、皮金龟、鳃金龟、天牛和象甲会通过用足或腹部摩擦鞘翅发出"吱吱"的警报声，可能起到吓退捕食者的作用。

摩擦发声可能也促进了成虫与其后代之间的交流，并帮助保持它们之间的亲密关系。葬甲科和黑蜣科的幼虫完全依赖父母提供稳定的食物供应，进一步证实了这种推测。欧洲锹甲的幼虫在其中足、后足的基部有发声器官，会发出一系列点击声，但其发声的作用尚不清楚。通过监测这些声音，保护生物学家能够追踪这种被世界自然保护联盟列为欧洲近危物种的生物。

两性之争

性选择，是指雌雄一方对异性个体特征的偏好。长期以来，我们对这种自然选择的理解主要停留在对性别角色的固有印象上，即长着角和巨大上颚的雄虫往往会相互竞争，以获得雌虫的芳心。

最近对甲虫（雌虫和雄虫）的解剖学和行为学的研究，揭示了性选择的复杂性，超越了对雄虫角与大颚的刻板印象。新的观点显示，性选择是一场雌虫和雄虫之间的演化竞赛，其结果是自然选择的产物。越来越多的证据表明，雌性甲虫可以进行隐性选择，它们不仅可以选择多个配偶，还能够在交配后控制储存在体内的精子，并选择性地利用精子使卵子受精。

甲虫的求偶行为相对罕见，但一些雄虫被观察到会在交配前啃咬、舔吸或拉扯配偶的触角。天牛、芫菁和其他甲虫的雌虫会在鞘翅上分泌复杂的碳氢化合物，激发雄虫特定的交配前行为，进而引发雌虫的特定反应。这些固定行为的交流，有助于雄虫和雌虫将彼此认为是同一物种的合适伴侣。

雄虫的前跗节可以特化为钩爪或吸附性爪垫，以帮助其在交配期间"抓"住雌虫的前胸背板或鞘翅。雄性龙虱身下隐藏着大面积的吸附性爪垫，看起来像吸盘，作用也与吸盘相似，能让雄虫在水下抓住雌虫光滑的鞘翅。而雌虫的鞘翅表面通常相应地具有凹陷、粗糙的点状小孔或沟槽状条纹，这有利于配偶增加抓力。

尽管可能会被多只热情的雄虫包围，但雌虫通常交配一次就可以让所有的卵成功受精。交配后，精子首先会被储存在受精囊中，最后进入这个囊的精子，将第一个被释放出来使卵子受精。这种受精延迟现象导致各种授精后行为的演化，以确保雄虫的父亲身份，并防止竞争对手的精子取代自己。例如，雄性虎甲会用上颚紧紧抓住配偶，以防止其他雄虫的侵占，它会一直保持这个姿势，直到雌虫的卵子完成受精。

交配行为不仅仅是受精。大多数甲虫的精子都储存在一个被称为精包的特殊器官中。研究表明，许多甲虫的精包不仅含有雄性的 DNA，还含有各种其他化合物。一旦

锯角肖叶甲（*Clytra oblita*）是一种生活在印度的叶甲。雄虫的跗节下有刚毛垫，可以在交配时"抓"住雌虫的鞘翅

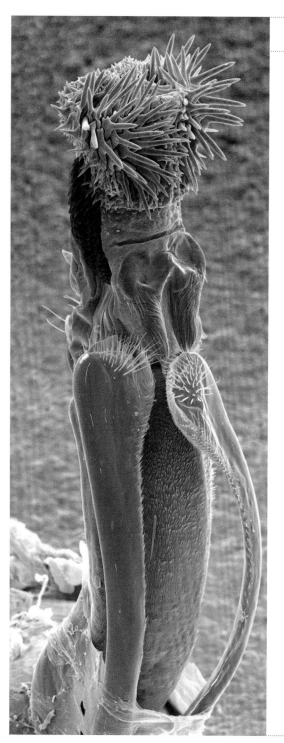

创伤性穿透

　　以前的研究表明，雄性四纹瘤背豆象甲（*Callosobruchus maculatus*）会以一种相当可怕的方式——创伤性穿透（一种交尾伤害）来确保自己的父亲身份：它们那尖锐带刺的插入器被认为有助于雄虫从雌虫体内更好地"抓"住雌虫，但同时会对雌虫造成伤害，使其无法与其他雄虫成功交配。而最近的研究表明，雄虫造成的创伤提高了其精子使雌虫卵子受精的可能性；而雌虫增厚的生殖道内膜也能保护自己免受严重伤害，并有强大的免疫系统支持，当出现伤口时可以抵抗感染。

《《 就像中世纪的武器一样，雄虫插入器的刺状尖端提高了其精子让雌虫卵子受精的概率

﹀ 四纹瘤背豆象甲是一种广泛分布的储存豆类害虫。因其易于被人工饲养，而且繁殖期短，该物种是实验室和教室里的模式生物。其两性异形和行为方式尤其引人关注

进入雌虫体内，这些化合物会刺激雌虫的卵巢产生卵子，并提供营养物质以确保其正常发育。瘤背豆象甲属（*Callosobruchus*）雄虫的精液还能为雌虫提供水分，避免其在完全由干燥的豆类种子组成的环境中脱水。在蠼螋中，双胃属（*Diplogastrellus*）线虫通过性传播，能促进微生物群的发育，因此对蠼螋幼虫的健康和发育至关重要。

虎甲，如广泛分布于古北界的多型虎甲（*Cicindela hybrida*），具备配偶守护的行为。雄虫弯曲的上颚与雌虫前胸的沟槽完美接合。交配后，雄虫会继续抓住雌虫直到其产卵，从而确保是自己的精子使卵子受精，而不是后来的竞争者

"无沾成胎"

孤雌生殖，即卵子不经过受精也能正常发育的现象，出现在几个科的甲虫中，包括叶甲科和象甲科。营孤雌生殖的物种的雄性是稀少或完全未知的，通常是由雌性克隆自己来独自完成繁殖大任。鉴于由基因相同的个体组成的种群对疾病和环境灾难的易感度相同，因此这种生殖对策在演化上是有风险的。

亲代抚育

甲虫对后代的亲代抚育程度通常仅限于雌虫在选择合适的产卵地点时所付出的努力。卵通常被一个个地或多批次地产在裂纹和缝隙中，或产在叶片背面。

然而，有的甲虫会采取相对复杂的行为来确保后代的存活，比如将卵产在具有防护性的封闭环境中。吉丁虫科、叶甲科、象甲科的潜叶型甲虫会将卵产在树叶的上下表

↗↗ 桦切叶象甲（*Deporaus betulae*）是一种分布于欧洲的物种（右图）。春天，雌虫将卵产在桦树的叶片上，然后用上颚和足将叶片卷成一个巢（上图）。每只雌虫在一生中会制作出十几个或更多这样的巢

↗ 这种"驼背"的蜣螂幼虫跟成虫毫无相似之处，它完全依赖亲代提供的粪便为食

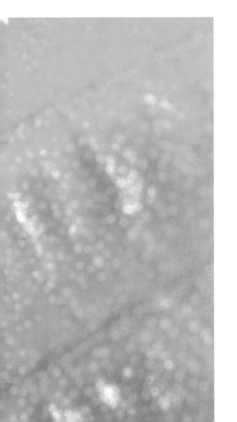

面之间，从而为后代提供食物和庇护所。某些步甲还会细心地用泥、树枝和树叶构建卵室，并在每个卵室中产下 1 枚卵。一些水生物种，包括牙甲科和平唇水龟甲科的甲虫，其雌虫会在由生殖系统腺体分泌的丝质茧中一个个或分批地产卵。

雌性天牛会在（活的）树枝上啃出一圈环，然后在环的外端产卵，为幼虫提供枯木作为食物。树枝被环剥的顶端很快会死亡（"枯萎"），最终掉落到地面，幼虫则继续在枯树枝内进食并完成发育。雌性卷叶象甲（卷叶象甲科，Attelabidae）会将卵产在一片叶子上，然后用足和上颚来卷起叶子，造出一个桶状的巢。

⋏ 云杉八齿小蠹（*Ips typographus*）
分布于欧洲、亚洲北部和小亚细亚半
岛。雄虫会在脆弱的针叶树树皮下建
造一个交配室，并在那里与少数几只
雌虫交配。交配后的雌虫会分别蛀出
一个长的中央育卵室来产卵。卵孵化
后，幼虫会离开中央育卵室向外蛀出
自己的虫道

黑蜣科甲虫会在腐朽的原木中啃出虫道，成虫与幼虫共同生活在结构松散的群落中。这些亚社会性群体由重叠的世代组成。幼虫依靠亲代提供的预消化的木材以及虫粪获取食物。

树皮小蠹和食菌小蠹的成虫通过在树皮下或穿透边材啃出复杂虫道，为幼虫提供食物和庇护所。雌虫在身上的贮菌器（一种特殊的凹陷结构）中培养和储存蛀道真菌。当它们在一棵新树上定居时，会在木材中啃出育卵虫道，并在虫道壁上接种"酒曲"——蛀道真菌，作为自己和幼虫的食物。

在一些物种中，雄虫和雌虫可能会合作挖掘巢穴，并为后代储存食物。覆葬甲利用腐肉，蜣螂利用动物粪便，它们都演化出了掩埋和挖掘行为，以迅速隐藏这些营养丰富的资源。快速掩埋也有助于保持幼虫成功发育所需的最佳湿度，从而确保食物质量。

在掩埋后，覆葬甲会精心处理尸体：先去除羽毛或皮毛，然后重组足、翅和尾，或将其全部移除。它们会用含抗菌剂的唾液涂抹尸体，以延缓尸体腐烂。

雌虫会将卵产在掩埋室的墙壁上，并在幼虫发育过程中与其待在一起。幼虫的第一顿"饭"是由消化后的腐肉液滴组成的，这些液滴主要由雌虫反刍并吐到尸体顶部的一个宽凹陷处。幼虫可能会被亲代摩擦发出的声音召唤到这顿大餐前，这种"喂食"行为会一直持续到幼虫长大、开始自行啃食尸体为止。化石证据显示，这种亲代抚育行为，包括亲代对腐肉的定位和处理以及成虫与其后代的交流，早在白垩纪中期之前就已经形成了。

蜣螂演化出了 3 种基本策略来确保粪便能作为后代的食物，包括掘洞、滚粪球和粪居。掘洞型蜣螂会直接在一堆粪便的正下方或旁边挖掘直通的或具分支的隧道，并在其中储存粪便作为食物。滚粪球型蜣螂会从粪

❱ 黑蜣是一种亚社会性甲虫，成虫和幼虫会结群生活在腐朽的原木中。幼虫会吃成虫粪便以获得微生物，这些微生物能帮助幼虫消化朽木

⋏　黑红斑覆葬甲（*Nicrophorus ves-pilloides*）分布于古北界北部、美国阿拉斯加州和加拿大西北部的开阔森林中。它们通常成对工作，处理大小适中的腐肉，并将其迅速掩埋，以避免其他食腐动物的竞争

⋙　雄虫和雌虫都会细心处理掩埋的尸体，将其作为幼虫的食物。它们不仅会通过摩擦发声与幼虫交流，还会在幼虫发育期间常常留在掩埋室中

堆上分割出一小块粪便，滚成粪球食用，或制成孵卵球，在其中产卵。粪居型蜣螂则只需钻入粪便中，不做任何移动或掩埋的行为。掘洞型和滚粪球型蜣螂的掩埋行为都会加速动物粪便的分解，从而促进养分的循环，提高土壤的生产力，尤其是在牧场中。在这些基本策略中，蜣螂展示了一系列惊人的粪便处理方式，包括筑巢、繁殖和育幼行为。化石和分子证据表明，蜣螂与恐龙一起演化，最早可以追溯到早白垩纪时期（1.3亿至1.15亿年前）。

真社会性甲虫

真正的社会性昆虫，或称真社会性昆虫，如蜚蠊目（Blattodea）的白蚁、蚂蚁，以及膜翅目（Hymenoptera）的一些蜜蜂和胡蜂，它们结成的群体以合作育幼和世代重叠为特征。在这些群落中存在着阶级制度，包括不育的工虫和能够繁殖的女王。工虫在维护和保护巢穴的同时，需要照顾女王及其后代（它们的姐妹）。

澳洲长小蠹（*Austroplatypus incompertus*）是极少数真社会性甲虫之一。蚂蚁、蜜蜂和胡蜂的雌性是二倍体（拥有两组染色体，每个亲代各一组）、雄性是单倍体（只有一组染色体），而澳洲长小蠹的两性都是二倍体（与白蚁相同）。长寿的雌性生活在一个小群体中，这个群体由一只雌性繁殖体及其未受精的雌性后代组成，这些未受精的后代会一直为繁殖体提供帮助和保护，并维护、扩大和保护虫道。它们不与其他雄性交配，也不能离开群落到其他地方寻找配偶。澳洲长小蠹的群落可维持近 40 年。

◂◂ *Kheper nigroaeneus*是一种来自非洲的昼行性滚粪球型蜣螂。它会利用新鲜的食草动物粪便制作大型孵卵球并掩埋起来。每个孵卵球都是其幼虫发育时唯一的食物来源

▾ 澳洲长小蠹是一种真社会性甲虫。持久的群落中会有一只雌性繁殖体负责照顾和保护发育的幼虫

变态发育

　　甲虫、蝴蝶、飞蛾、苍蝇、蚂蚁、蜜蜂和胡蜂及其亲缘动物，都会经历全变态发育的四个不同阶段：卵、幼虫、蛹和成虫。它们在每一个发育阶段都能适应特定的气候和环境，这增加了甲虫的生存机会，尤其是在温带气候环境中。

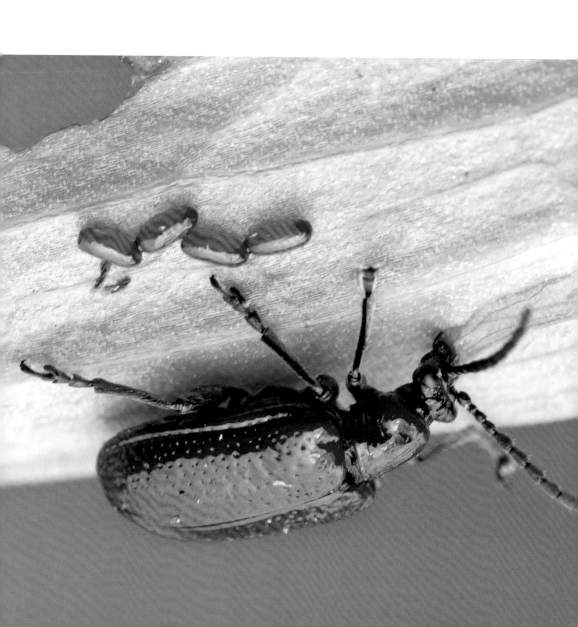

>> 北美洲最显眼的郭公虫之一——
姬蜂美洲郭公甲（*Enoclerus ichneu-*
moneus）会在滋生蛀干昆虫的树枝的
裂纹和缝隙中产卵。它们的成虫会捕
食其他成年甲虫，而其幼虫会捕食其
他甲虫的幼虫

 东北分爪负泥虫（*Lilioceris lilii*）
原产于欧洲和亚洲。雌虫会沿着百合
属（*Lilium*）植物的叶片背面以不规
则的方式产下十几枚橘红色至褐色
的卵

卵

甲虫产卵大多是一个一个或小批量生
产。雌虫通过产卵器（膜质，有时是细长
的）产卵，通常产在幼虫适合的食物上或附
近。植食性甲虫通常将卵产在幼虫宿主植物
的基部，或将卵附着在各种植物结构上；其
他种类会把粪便小心翼翼地涂在卵上作为防
御的涂层。天牛将卵产在树皮的裂纹、缝隙
或树木的伤口处；水生甲虫会将卵附着在水
生植物、岩石、木块和其他水下物体上；食
腐的地栖性甲虫则会利用各种有机物的堆积
作为产卵场所，包括落叶、堆肥、粪便、腐
木和腐肉等。

幼虫

甲虫一生的大部分时间都以幼虫状态生
活。卵孵化后，幼虫立即开始进食并迅速生
长。随着幼虫长大，旧的外骨骼被表皮细胞

甲虫的生命周期

甲虫的全变态发育有四个不同的阶段：卵、幼虫、蛹、成虫。对大多数甲虫来说，其生命的大部分时间都是以埋在土壤中或隐藏在朽木中的幼虫的形态度过的。

蛹

成虫

三龄幼虫

二龄幼虫

卵

一龄幼虫

分泌的新的、更大的外骨骼所取代，这一过程被称为蜕皮。

蜕皮过程由内分泌系统分泌的激素控制，并由神经系统介导。幼虫相邻两次蜕皮之间的阶段被称为龄期。大多数物种都会经过一定数量的龄期，通常在三龄到五龄。有的甲虫只有 2 个龄期（如阎甲科），有的则有 7 个龄期（如皮蠹科），而毛金龟科（Pleocomidae）的甲虫可能会经历 13 个甚至更多龄期。

甲虫幼虫的形态多样。瓢虫和一些叶甲的蛞型幼虫行动缓慢，长得像毛虫，常有发达的头部、足部和肥胖的腹部隆起。蛴螬型幼虫（锹甲科、金龟科和其他亲缘较近的科）行动迟缓，身体呈 C 形，头部明显，足部发达，适合在土壤或朽木中掘洞。叩甲及许多拟步甲的叩甲型幼虫则有着细长的身体，足短，外骨骼坚硬。象甲的蠐虫型幼虫呈蛆虫状，体粗且无足。步甲、豉甲、龙虱、牙甲和隐翅虫的捕食性幼虫体扁且细长，足也长，被描述为蜗型幼虫。扁泥甲科（Psephenidae）的龟型幼虫呈宽椭圆形，像乌龟一样，身体分节明显。葬甲科的幼虫类似于木虱，被描述为海蛆型幼虫。皮蠹科的纺锤型幼虫有点像肥大的卡通雪茄，中间宽，两端几呈锥形。

通常，幼虫的形态在每一个龄期都与前一个龄期相似，只是体形会更大。然而，寄生型幼虫会经历一种特殊的全变态类型，被称为复变态。羽角甲科、芫菁科和大花蚤科（Ripiphoridae）的幼虫在发育时具有两种或多种不同的幼虫形态。活跃、足长的一龄幼虫（也被称为三爪蚴）适于寻找适合的宿主，一旦找到宿主，三爪蚴就会蜕皮成不爱动的幼虫，足又短又粗，并开始进食。之后

ᕃ 瓢虫的幼虫从孵化的那一刻起就有着贪婪的食欲。它们的第一顿饭可能包含卵壳、未孵化的卵，以及它们自己的兄弟姐妹

≪ 欧洲锹甲一生中的大部分时间都会以幼虫状态钻入腐朽的树桩内，它们需要3年或更长的时间才会发育成熟

△ 大型的甲虫物种，比如这只黄缘龙虱，能够捕获和吞食鱼类和蝌蚪等小型脊椎动物

会发育为肥胖、无足的幼虫，并最终发育成更为活跃的短足幼虫，这一龄期的幼虫会花大部分时间来准备蛹室。

幼虫的头部外骨骼很硬，且通常都具有显著的特征。大多数甲虫幼虫在头部两侧各有1—6只侧单眼，而一些穴居甲虫和其他种类的幼虫则没有视觉器官，完全失明。大多数幼虫的上颚适于压碎、磨碎或撕裂食物。捕食性幼虫用会口器刺穿并吸干猎物的体液，还有一些幼虫会利用其镰刀状或沟槽状的口器将消化液导入猎物体内，然后再吸出猎物液化的组织。幼虫的触角通常很短，由2—4个简单的体节构成。牙甲属（*Hydrophilus*）的幼虫有尖锐的触角，触角与上颚配合，可撕开昆虫猎物的身体。

幼虫的胸部由3个非常相似的体节组成，第1体节的背面会有加厚的板。足（如果存在的话）通常由6个或更少的体节组成。

大多数甲虫幼虫的腹部通常由9—10个体节组成，柔软且有弹性，能让它们填满食

物的身体快速膨胀而无须蜕皮。虽然没有足，但一些陆生幼虫的腹部有肥胖的疣状隆起，这些隆起能提供更多的牵引力，让它们在移动时获得更强的抓地力。一些水生甲虫，如豉甲科、沼梭科、牙甲科和掣爪泥甲科（Eulichadidae），其幼虫的腹部侧面或腹面具有或单一或分支的鳃。一些幼虫的腹部末端有一对固定的或分节的突起，被称为尾叉。

大多数甲虫幼虫与其成虫之间几乎没有相似之处，食物和栖息地偏好也不同，从而减少或消除了亲代与后代之间在食物和空间上的竞争。

﹀ 在美国西南部和邻近墨西哥的阴暗峡谷中，几十只蓝悦大蕈甲（Cypherotylus californicus，属于大蕈甲科，Erotylidae）将在朽木下生长的真菌附近集体化蛹。它们正蛹头朝下悬挂在末龄幼虫蜕掉的外骨骼内

蛹

蛹期是甲虫的生理和形态发生戏剧性变化的时期，它标志着专注于进食和成长的生活阶段的结束，以及以繁殖为主导的生活阶段的开始。大多数甲虫的蛹都是无颚蛹，它们缺乏功能性的上颚，足也没有紧紧地贴在身体上。而另一些种类，如拳甲科

（Clambidae）、瓢虫科、缨甲科、隐翅虫科和叶甲科的一些物种也产生无颚蛹，但它们的足紧紧地贴在身上（被称为"被蛹"）。

许多蛹都有功能性的腹部肌肉，可以进行一些运动。有的物种具特化的齿，或沿着腹部体节对立面具有锋利的边缘，被称为齿夹。通过收缩腹部肌肉，这些齿夹可以防御性地夹住蚂蚁、螨虫和其他小型节肢动物捕食者或寄生虫。

在温带气候区，许多甲虫会在它们位于土壤中、腐殖质内或植物组织深处的蛹室内以蛹的形式越冬，这样就能避免暴露在冰冷的空气中。许多犀金龟和花金龟幼虫以及其他一些幼虫，通常还会用自己的粪便建造防护性蛹室。叶甲科的聚萤叶甲属（Ophraella）和象甲科的叶象甲属（Hypera）的物种会将

一个松散的网状茧固定在宿主植物上，并在其中化蛹。

在一些萤火虫中，雌虫会经历一个特化的蛹期，羽化后的成虫与末龄幼虫长得非常相似。幼态化的雌虫没有翅或是鞘翅大幅缩小，其外部有复眼，内部有生殖器官，这是与幼虫最大的区别。

成虫

要使成虫从蛹中羽化，必须满足适当的时间、足够的温度和充分的湿度等条件。刚羽化的成虫外骨骼柔软、颜色浅，但很快就会经历硬化的过程，开始变硬、变黑，这是一种类似于皮革鞣制的化学过程，称为骨化。这时已经发育成熟的甲虫不再蜕皮，可能会也可能不会再进食，且很快就可以交配繁殖了。

⋏ 酸模叶象甲（*Hypera rumicis*）是一种广泛分布于欧洲并被引入北美洲的象甲。其幼虫以酸模属（*Rumex*）和其他蓼科（Polygonaceae）植物为食。当发育成熟时，它们会从肛门分泌一种黏稠的物质，并在上颚的帮助下将其编织成一个松散的、豌豆大小的茧，并在其中化蛹

⋙ 一只刚成年的巨蜣螂（*Heliocopris*）正从粪球中出来。其柔软的浅色外骨骼很快就会骨化，这一过程类似于皮革鞣制的化学过程，同时外骨骼会变黑、变硬

Micromalthus debilis

复变甲

一种生物学特征非比寻常的甲虫

....

科	复变甲科 Micromalthidae
显著特征	这是已知唯一的幼虫能够繁殖的甲虫
成虫体长	1.5—2.5 毫米

　　复变甲是一种扁平的小型甲虫，身体具棕色至黑色光泽，触角和足黄色；宽宽的头部后面是相对狭窄的前胸背板，且前端最宽，表面没有明显的侧缘或凹槽；鞘翅短，暴露出部分腹部。该种原产于美国东部和伯利兹，现已在北美洲西部和世界许多其他地区（如夏威夷、古巴、中南美洲、欧洲、中国和南非等）建立了孤立种群，它们很可能是随着木材的运输而传播扩散的。

　　复变甲的生殖生物学特征非比寻常，涉及复变态、孤雌生殖和幼体生殖。长足、活跃的三爪蚴（或称步甲型幼虫）发育成无足、摄食的天牛型幼虫，后者或化蛹成为二倍体成年雌虫，或发育成幼体生殖型幼虫的三种形式之一：一种是产下更多的三爪蚴；第二种是产下一枚卵，然后发育成短足的象甲型幼虫，最终发育成单倍体雄虫；第三种即同时能够产生这两种形式。依赖幼虫繁殖，以及较小程度上的成虫繁殖，使该物种能够快速繁殖，以利用稀缺和短暂的幼虫食物来源。成虫很少见，通常只在进行交配以及寻找新的繁殖地时出现。

　　复变甲是复变甲科唯一现存的物种。尽管多年来其系统发育位置并不确定，但目前被归入原鞘亚目似乎是可以确认的了。

复变甲的生命周期

复变甲的生殖生物学非常复杂，因为其成虫可以进行有性繁殖，而幼虫可以进行无性繁殖。

蛹　　　　　　　　　　　　　　　　　　蛹

产雄孤雌生殖　　产雌孤雌生殖

卵

预蛹　　　　　　　　三爪蚴　　　　　　蜕皮

蜕皮

象甲型幼虫　　　　产一枚卵　　　　蜕皮

天牛型幼虫

幼体生殖型幼虫

在始新世的多米尼加琥珀（2000万—1500万年前）中发现的复变甲化石作为内含物保存完好，与现代样本很难区分。研究表明，这种甲虫生活于长期稳定的环境条件中，因在朽木深处生长，躲避捕食者，加上独特的生命周期，使其能够在数百万年的时间里作为一个物种生存下来

圭亚那蚁步甲

Guyanemorpha spectabilis

可能与蚂蚁或白蚁生活在一起

科	步甲科 Carabidae
显著特征	新大陆已知最大的、花纹最清晰的蚁步甲
成虫体长	13.1—13.5 毫米

　　圭亚那蚁步甲呈宽椭圆形，体形特别大，鞘翅双色；头部和前胸背板是均匀的黑色，口器从上方视角可见；鞘翅很少有刚毛，后端明显变细，后翅发达，足又短又平。目前已知该物种栖息在法属圭亚那的低地雨林中。

　　人们对这种甲虫知之甚少。它们能够飞行，通常在 7 月和 12 月被捕获。根据与其亲缘最近的物种的生物学特征，推测它们可能与蚂蚁生活在一起。南美洲其他相关属的成虫与树栖蚂蚁生活在一起，其幼虫在蚁巢内发育。蚂蚁积极地保护自己的巢穴，这使得对这些甲虫的生活史研究异常困难。*Pseudomorpha* 属物种从美国南部到阿根廷，包括加勒比群岛都有分布，它们也与蚂蚁共生。雌性成虫营卵胎生，它们会将卵保留在体内直到其孵化。

　　Guyanemorpha 属只有一个种，属于蚁步甲族（Pseudomorphini），这是一个与蚂蚁和白蚁密切相关的族群，也是新大陆唯一的双色蚁步甲，而其他物种都是均匀的暗褐色、深红色或黑色。蚁步甲在形态和行为上与其他步甲差异很大，代表了步甲科物种一个奇特的演化分支。

　　飞行拦截陷阱和杀虫喷雾可能会在未来帮助收集到更多的 *Guyanemorpha* 属甲虫标本，但死去的甲虫无法向我们展示其生活方式细节。在会蜇人的树栖蚂蚁的巢穴中寻找这种甲虫的幼虫，对研究人员的吸引力并不太大。只有捕捉到携带卵的活体雌性成虫，昆虫学家才有机会揭秘这种甲虫的生活方式。

　　≫　大多数蚁步甲体色都是均匀的暗棕色、红棕色或黑色，但圭亚那蚁步甲除外。目前只有从诱捕器中获得的物种样本，其生活习性无人能知，不过研究人员怀疑它们可能与其他蚁步甲一样，同蚂蚁或白蚁生活在一起

Nicrophorus vespillo

蜂纹覆葬甲

会将死去的动物埋在地下，作为幼虫的食物

科	隐翅虫科 Staphylinidae
显著特征	表现出高度的亲代抚育
成虫体长	12—25 毫米

　　蜂纹覆葬甲是一种中等体形的覆葬甲，与其他古北界的覆葬甲属物种不同，在其前胸的前缘长有长长的金色刚毛；在鞘翅中缝处中断的横向橙色鞘翅带、橙色的触角棒以及后胫节接近顶端的弯曲，都是其较易识别的特征。该物种广布于亚欧大陆，从西欧到蒙古都有分布。

　　蜂纹覆葬甲主要栖息在田野和草地上，因此它不得不应付坚硬的土壤和厚厚的草根。这些甲虫从春天到夏天都很活跃，初夏时开始繁殖，有时会被灯光吸引。雄虫和雌虫通常会通过喂养和保护幼虫来配合育幼，不过也有一些研究表明雌虫可能会在产卵后不久就将雄虫赶走。它们会一起隐藏老鼠、鼹鼠、小鸟和其他小型脊椎动物的新鲜尸体，以避免来自其他食腐动物的竞争。当掩埋好尸体后，它们会咬掉尸体的皮毛或羽毛，将其处理成球状。雌虫随后将卵产在室壁的土壤中。雌雄一方或双方会通过摩擦发声与幼虫沟通，喂其反刍的食物，并为其提供 10 天到一个月的保护。最终，幼虫将直接以掩埋的尸体为食，并在周围的土壤中化蛹。晚熟蛹会越冬，成虫于次年春季羽化。该物种每年只产一代，从埋葬到成虫羽化，其整个生命周期在温暖的月份需要两到三个月。

　　新北界和古北界已知的覆葬甲属甲虫有近 70 种。蜂纹覆葬甲是林奈描述的第一种覆葬甲，最初被归入葬甲属。

　　覆葬甲有时也被称为牧师甲虫（sexton beetles）。牧师是教堂的公职人员，负责教堂的维护、敲钟、照看墓地，有时还负责挖掘坟墓，真是虫如其名。

甲虫的团队协作

雄性覆葬甲和雌性覆葬甲通常会共同协作，以掩埋一具大小适中的脊椎动物尸体，避免其他食腐动物来抢夺。随后，它们会精心处理好尸体，以便将来给后代作为食物。

蜂纹覆葬甲具有亮橙色的棒状触角，鞘翅上有横向的橙色带，橙色带沿着鞘翅中缝而中断

智利长牙锹甲

Chiasognathus grantii

达尔文描述其"大胆好斗"

科	锹甲科 Lucanidae
显著特征	雄虫有着细长的上颚，下面有长的突出的齿
成虫体长	24—88 毫米

智利长牙锹甲也被称为达尔文甲虫，是一种非常特别的动物，在一些很受欢迎的昆虫书籍和网站上经常能见到这种锹甲。它们的体色为浅棕色至红棕色，并带有绿色、金色或紫色的金属光泽；尽管雄虫细长的上颚在长度、厚度和弯曲度上与雌虫有很大的差异，但它们都有一对向腹部突出的大牙；雌虫的上颚短得多，底部有一个明显的隆起或突起；雄虫和雌虫的鞘翅都是光滑的，末端有刺。该物种分布在智利中部及邻近阿根廷的温带南青冈树林中。

黄昏时分，智利长牙锹甲会飞到空中，有时会被灯光所吸引。它是该属中唯——种能够摩擦发声的物种，雄虫和雌虫都有脊状的鞘翅边缘，与后足节内表面的凹槽相对应。雄虫会在树上互相厮杀，而雌虫则可能在同一棵树上以树的汁液和花朵为食。雄虫与竞争对手搏斗时，通过中足和后足站立，并试图用上颚抓住对方的前胸。当紧紧抓住对手时，雄虫会将其举起并摔到地面上。获胜的雄虫会用长长的上颚和足来保护雌虫，驱赶其他接近的雄虫。幼虫会在土壤中发育。

智利长牙锹甲是该属中第一个被描述的物种，该属的所有 7 个物种都生活在南美洲南部地区。该属与大部分南美洲北部的四眼锹属（*Sphaenognathus*）一起被归入锹甲亚科（Lucaninae）的斜颚锹甲族（Chiasognathini）。*Chiasognathus* 属的甲虫是南美洲南部唯——类触角棒由 6 个触角节组成的锹甲。

达尔文在智利观察到这些甲虫，并指出拥有极长的巨大上颚的雄虫"大胆好斗"。尽管雄虫能够用尖利的上颚将人刺出血，但被雌虫咬可能会更痛。最近的一项研究表明，在智利，由于栖息地的持续丧失，智利长牙锹甲种群很脆弱，并很有可能会灭绝。

➤➤ 智利长牙锹甲栖息于智利中部和邻近阿根廷的温带南青冈树林中。由于智利的栖息地不断遭到破坏，这种甲虫在智利灭绝的可能性很高

Julodimorpha saundersii
桑氏类土吉丁甲
雄虫的生殖努力有时会被误导

科	吉丁虫科 Buprestidae
显著特征	这种吉丁虫以其巨大的体形以及会被矮啤酒瓶吸引而闻名
成虫体长	35—65 毫米

　　桑氏类土吉丁甲是吉丁虫中体形最大、长相最奇怪的物种之一。它很结实，身体呈圆柱形，背部呈均匀的橙棕色；头前部长有浓密的刚毛，上颚长且顶部粗壮；前胸背板有浅的分散的小孔和弯成弓形的外缘，鞘翅上具不规则的小孔；身体腹部的底面长有浓密的刚毛，其虹彩结构色仅限于腹部后缘；雌虫不会飞，体形比会飞的雄虫大。该物种发现于西澳大利亚州的西南部地区。

　　该物种生活在有排水良好的深层水质土壤、树冠层主要为佛塔树属（*Banksia*）的桉树灌丛栖息地中。成虫在 8 月和 9 月变得活跃，雌虫在潮湿的沙子里产卵。卵孵化后，幼虫会钻入沙子里，取食木本灌木和树木的根。

　　桑氏类土吉丁甲曾与该属的另一个物种贝氏类土吉丁甲混淆。后者体形相对细长，腹部和头的前部只有稀疏的刚毛，上颚短且向远侧弯曲，前胸背板上有粗糙的点状凹坑，外缘呈均匀的弧形。贝氏类土吉丁甲出现在澳大利亚东南部新南威尔士州、南澳大利亚州和维多利亚州的默里河流域。

　　桑氏类土吉丁甲的雄虫会飞到空中，寻找不会飞的雌虫。它们会被人们丢弃的琥珀色短粗啤酒瓶所吸引。雄虫徒劳地爬上啤酒瓶，并伸出生殖器，它们显然将这些人造物的颜色和质地与雌虫的体色及鞘翅纹理混淆了。其他具有相似颜色及质地的物体，如橘子皮，也会吸引"多情"雄虫的注意。2016 年，《澳大利亚邮报》（*Australia Post*）发行了一张 2 澳元的邮票，上面印有标注着"贝氏类土吉丁甲"的插图（尽管实际上画的是桑氏类土吉丁甲），以展示其对啤酒瓶的好奇行为。

　　➤➤ 作为澳大利亚最大的吉丁虫之一，桑氏类土吉丁甲出没于西澳大利亚州西南部地区有排水良好的沙质土壤的桉树灌丛中。这只雄虫正在取食唇形科（Lamiaceae）枇杷绒南苏（*Lachnostachys eriobotrya*）的花

Pyrophorus noctilucus

夜光萤叩甲

它们明亮稳定的光具有传奇色彩

科	叩甲科 Elateridae
显著特征	一种大型的生物发光的叩甲
成虫体长	20—40 毫米

　　夜光荧叩甲是一种结实的甲虫，体色大致呈均匀的深棕色，身上长着浓密的黄色茸毛。短触角在第 4 触角节处变为锯齿状，触角向后碰不到尖锐、分散的前胸角。这些叩甲也被称为"头灯甲虫"，在其前胸背板（比起刺突）更靠近侧缘的位置有一对凸起的能产生强光的生物发光器官；而在胸部和第 1 可见腹节之间还有一个椭圆形的发光器官。雄虫和雌虫仅凭外部特征无法加以区分。该物种分布于墨西哥南部至阿根廷和加勒比地区。

　　成虫会被光所吸引，包括点燃的香烟发出的光。它们的前胸的发光器会发出明亮的黄绿色光，而腹部下方的发光器则会发出黄橙色的光。萤叩甲属的物种与生物发光的萤火虫一样，会在夜间利用其特定的光来识别其他同类个体，只不过萤叩甲的腹部发光器官会持续发光。雌虫会对雄虫腹部发出的光作出回应——用前胸背板的发光器发出短暂的光信号。当受到惊吓或变得虚弱时，雄虫和雌虫都会使用前胸发光。成虫是植食性的，而生活在土壤中的幼虫则以金龟子和其他甲虫的幼虫为食。成熟的幼虫和蛹也具有生物发光的能力。

　　萤叩甲属有 32 个物种分布在新热带界的森林中。萤叩甲族（Pyrophorini）中其他营生物发光的属，可以从其较小的体形、较长的触角以及前胸发光器官的位置来分辨，其他那些甲虫前胸的发光器官离刺突更近。美国得克萨斯州和佛罗里达州、波多黎各和古巴以前记录的萤叩甲属物种，现已被归入其他属中。

　　这些甲虫生物发光的特性早已为人所知，经常被用以取代蜡烛和灯。有历史报道称，在西印度群岛的部分地区，曾有女性用多达 100 只夜光萤叩甲来装饰舞会礼服。

　　➤➤　夜光萤叩甲前胸的发光器官能持续发光。在西印度群岛，它们曾被用来代替蜡烛和灯，还被用于装饰舞会礼服

Platerodrilus ruficollis

赤胸三叶红萤

雄虫和雌虫的交配很少被观察到

科	红萤科 Lycidae
显著特征	幼态化的雌虫长得像三叶虫
成虫体长	25—60 毫米

　　所有三叶红萤的雌虫都呈无翅的幼态化，因它们与早已灭绝的古代海洋节肢动物三叶虫（如今只能在化石中见到）长相相似，因而得名"三叶"。雌性成虫的胸部外侧边缘呈深棕色，腹部突起，呈肉桂色；胸部几乎和腹部等长；发达的三角形前胸背板几乎覆盖了其可收缩的头部，中胸节则基本是横向的；背侧的所有胸节在中线两侧都有具光泽的突起，而在后缘内侧都有一对背侧小瘤；腹节的侧面有尖尖的突起。长有翅的雄虫（6.5—6.6 毫米）呈均匀的黑色，扁平状，后部稍宽，密被短柔毛。该物种分布于马来西亚半岛和新加坡。

　　赤胸三叶红萤的幼虫和成虫生活在低地森林的朽木上。雌性幼虫以朽木中的微生物和液体为食。雌性成虫会将腹部向上举过胸部，这可能是为了释放信息素来吸引雄虫。雄虫与雌虫交配数小时后便会死亡。雌虫将淡黄色的卵产在原木表面。人工饲养的雌性成虫，寿命为6—8 周。

　　红萤科物种的系统发育，主要基于成年雄虫的外部形态和生殖器特征。三叶红萤属已知的几个物种是从完全发育的成年雄虫和幼态化的雌虫中发现的，将雄虫与雌虫联系起来的最佳方式是观察它们的交配行为，但这种行为并不常见。因此，要弄清楚三叶红萤属的演化关系极具挑战。

　　三叶红萤属的幼态化雌虫不会化蛹，而是保持着幼虫特征到达性成熟。幼态化雌虫与幼虫的区别在于其拥有复眼和完全发育的生殖器官。它们行动缓慢，且不会飞，扩散能力很差，这限制了该物种的分布。

>> 发达的前胸背板像盾牌一样覆盖着雌性三叶红萤窄小的可收缩的头部

Rhipicera femorata

股羽角甲

澳大利亚仅有的 6 种羽角甲之一

科	羽角甲科 Rhipiceridae
显著特征	雄虫有精致的扇形触角
成虫体长	12.5—21.3 毫米

　　股羽角甲的前胸背板有着清晰可见的扁平侧脊，鞘翅呈棕色或黑色；腹部偶尔会出现不太明显的无毛斑点；触角是两性异形的，雄虫的触角呈扇状，有 32—40 个触角节，雌虫的触角呈梳状，有 22—28 个触角节。该物种广泛分布于澳大利亚东部沿海地区，从昆士兰州南部到南澳大利亚州和塔斯马尼亚州。

　　股羽角甲栖息在长有桉属（*Eucalyptus*）和相思树属（*Acacia*）植物的河岸林地，以及被禾草、莎草、灌木和树木环绕的沙质白千层（*Melaleuca*）沼泽地中。考虑到羽角甲其他物种幼虫的已知习性，人们推测股羽角甲是地下蝉若虫的体外寄生虫。成虫在 8 月（澳大利亚的早春时节）和 9 月同步出现，不进食，寿命较短。它们附着在禾草、莎草和灯芯草的较高茎秆上。仅根据少数对这些甲虫大量涌现的观察，雄性羽角甲的数量是雌性的 5 到 8 倍。交配行为发生在沼泽植被的叶子上。

　　羽角甲科包含两个亚科：Sandalinae 亚科的触角有 11 个触角节，而 Rhipicerinae 亚科的有 12 个或更多的触角节。Rhipicerinae 亚科由 4 个属组成，均仅生活在南半球。其中 *Oligorhipis* 属和羽角甲属（*Rhipicera*）的物种生活在澳大利亚。*Oligorhipis* 属包含 3 个来自澳大利亚和新喀里多尼亚的物种，它们体形粗壮，呈宽椭圆形，鞘翅由白色鳞片组成，形成大理石纹状。羽角甲属包含 5 个已知的仅分布于澳大利亚的物种，它们的体形相对细长，鞘翅明显长有独特的刚毛，形成斑点状的图案。

　　野外观察和形态学研究证实，雄性股羽角甲完全依赖信息素来定位雌性，而非视觉或听觉。雄虫触角的扩展部分充满感官结构，而雌虫触角的扩展部分感官结构相对较少。雄虫会停栖在显眼的地方，卷曲触角形成半圆的扇形，从而提高其捕捉雌虫信息素的能力。

　　>> 股羽角甲广泛分布于澳大利亚东海岸。雄虫的触角明显呈扇状，而雌虫的触角呈梳状

Austroplatypus incompertus
澳洲长小蠹

世界上真社会性鞘翅目昆虫之一

科	象甲科 Curculionidae
显著特征	群落可能持续 40 年
成虫体长	5.5—7 毫米

澳洲长小蠹身体细长，呈圆柱形，体色为棕红色，两性异形；较大的雌虫前胸具贮菌器，鞘翅中缝基部两侧有明显的脊，鞘翅末端呈陡峭的多刺毛的斜面；雄虫体形较小，没有贮菌器，鞘翅末端相对简单。该物种分布于澳大利亚东南部的新南威尔士州和维多利亚州。

这种长寿的二倍体生物栖息在活的桉树心材中的虫道里：包括一只独居的、像女王一样的雌虫，还有其无法交配的雌性后代。作为工虫，"女儿们"负责照顾它们的姐妹，并帮助维护、扩建并保护虫道。由于缺失跗节，它们不会与雄虫兄弟交配，也无法离开群落到其他地方寻找配偶。雄虫总会在交配后不久就离开群落并死亡。雌虫要么离开群落、交配并建立自己的群落，要么继续扮演未交配的工虫角色，与其母亲和兄弟姐妹共度余生。交配后的雌虫，在单次交配时会获得足以繁殖一生的精子量，而后便在木材内部蛀出水平且多分支的虫道，并接种其前胸的贮菌器中携带的真菌，建立自己

的群落。在其一生中，它会在虫道分支的末端单次或分两到三次分批产卵。幼虫不依赖其姐妹照顾，可以在虫道内自由活动。雄虫在大约 4 年内完成发育，并通过唯一的入口离开虫道。雌虫则需要更长的时间完成发育。一些澳洲长小蠹的群落可能会持续近 40 年。

澳洲长小蠹是世界上已知的为数不多的真社会性甲虫之一，是该属的唯一物种，属于长小蠹族（Platypodini）长小蠹亚科（Platypodinae）。长小蠹亚科的物种被统称为食菌小蠹，这个俗名也适用于其他会在贮菌器中携带真菌作为食物并将其引入育卵室的物种。

>> 在单次交配时接受一生所需的精子后，一只受精的雌性澳洲食菌小蠹将开始在一棵活的桉属植物中蛀出水平、多分支的虫道，这可能标志着一个能持续40年的群落的开始。雌虫（上图）有多刺毛的鞘翅末端，而雄虫（下图）的则更光滑

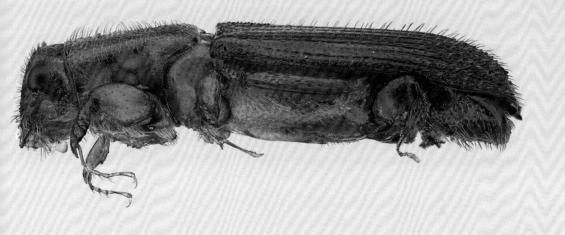

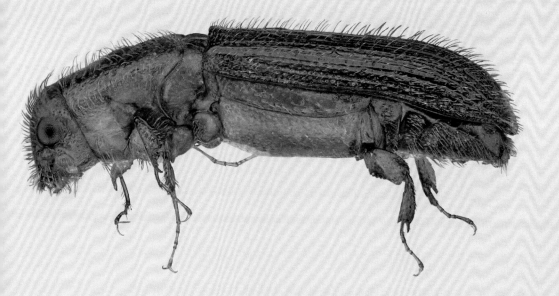

FEEDING HABITS

食性

植食性甲虫

　　植食性甲虫的成虫和幼虫适应于借助强壮的上颚来咀嚼、切割或研磨，从而吞食各种植物组织。指状的下颚须和下唇须不仅能帮助甲虫在进食过程中处理食物，还含有极其敏感的器官来帮助其找到合适的食物类型。

>> 红柳粗角萤叶甲的幼虫和成虫都是单食性物种，它们只以柽柳属（*Tamarix*）植物的叶片为食。作为柽柳的生物防治剂，这种原产于亚欧大陆的甲虫被引入美国西部的部分地区

↙ 这种红色条纹的*Berberomeloe majalis*（芫菁科）分布于法国南部、伊比利亚半岛和北非的开阔草原或树木稀少的栖息地。成虫主要以菊科（Asteraceae）植物的叶片为食，也会取食毛茛科（Ranunculaceae）和玄参科（Scrophulariaceae）植物

植食性甲虫的成虫和幼虫取食活的或腐烂的植物组织，包括花、果实、种子、球果、叶片、针叶、细枝、树皮、树枝、树干和根，以及藻类。它们可以通过视觉或植物受伤时所产生的气味来定位宿主植物。吸引植食性甲虫的植物化学物质被称为助食素。

大多数植食性甲虫只以特定的植物物种或其特定的结构为食。单食性物种的摄食偏好最为特殊，它们只吃一种植物，或是同一个属下几个关系密切的物种，这类甲虫有着作为有害植物生物防治剂的潜在作用。寡食性甲虫以一个科内亲缘较近的几个属的植物为食。多食性甲虫则会适时地以多个科的多种植物为食。

结合化石和现存分类群的代表性物种，利用系统发育技术，鞘翅目昆虫学家对甲虫植食性的演化过程提出了假说。与针叶树和苏铁的花粉有关的现代甲虫类群最早出现于侏罗纪晚期，远早于蜜蜂或蝴蝶的出现。它们很可能是裸子植物（含球果的针叶树及其近缘类群）和早期被子植物的首批传粉者。化石证据表明，仅以花粉为食可能是从更广泛的食性（如食用真菌或腐烂的植物和动物组织）向专门以活植物组织为食的食性模式的过渡。

甲虫的口器

这种捕食性步甲（步甲科）发达的口器有助于展示所有甲虫口器的基本结构。请注意，这里描绘的上颚适于撕裂猎物，而植食性甲虫和菌食性甲虫的上颚通常特化为能切割、磨碎植物和真菌组织（包括活着的和死亡的）的形态。

背视图

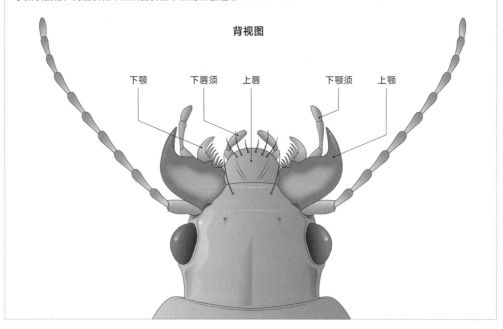

下颚　　下唇须　　上唇　　　　下颚须　　上颚

↑　仙人掌天牛（*Coenopoeus palmeri*）
分布于美国西南部和墨西哥西北部。
幼虫在仙人掌的茎内部觅食，成虫在
茎外部觅食，丝毫不受仙人掌长刺的
影响

≪　欧洲鳃金龟在欧洲广泛分布。其
成虫和幼虫都是植食性的。成虫以树
叶和花朵为食，幼虫以植物的根为食

植食性甲虫或是产生消化酶，或是依靠
肠道共生体（真菌和细菌）来分解植物的细胞
壁。随着不断演化，甲虫在消化植物组织方面
变得更加高效，并开始专门摄食特定的植物种
类及其结构。因此，随着被子植物越来越多
样化，甲虫已经预先适应了对被子植物的利用。

随着时间的推移，植物演化出了各种物
理和化学防御机制，以驱赶甲虫和其他食草
动物。而已经适应以这种植物为食的甲虫演
化出进一步规避这些防御措施的行为或生理
手段，包括减少自身对化合物的接触，或是
具备完全解毒的能力。

<< 这是来自非洲南部的*Trichostetha fascicularis*（金龟科），其口器适于取食帝王花的花粉

>> *Trigonopeltastes delta*（金龟科）分布于美国东南部的林地，其蛴螬型幼虫在腐朽的树桩里觅食和发育。成虫在春末和夏季以花粉为食并进行交配，它们会被许多植物的花朵所吸引

访花甲虫

为了寻找配偶和食物，许多甲虫会定期寻访花朵。花朵产生的花粉和花蜜，主要吸引金龟科、吉丁虫科、花萤科、红萤科、芫菁科、花蚤科和天牛科的甲虫。花粉中富含蛋白质，花蜜则是由蔗糖、葡萄糖和果糖组成。新大陆热带地区和东南亚地区的一些圆头犀金龟甲也会因香味和热量而被天南星科植物，如喜林芋属（*Philodendron*）及其亲缘物种的花序所吸引。

花粉粒受到坚硬的外壁保护，很难食用，特别是对多食性甲虫来说。然而，以花粉为食的金龟，如非洲南部的 *Trichostetha fascicularis* 和单爪鳃金龟属的不同物种，有着专门适于

处理花粉的口器：它们下颚浓密的刚毛刷能将花粉粒扫入口中，上颚如同研钵和杵，能将花粉粒碾碎。这些金龟与其他经常访花的毛茸茸、像蜜蜂一样的金龟，包括欧洲的长角绒毛金龟属（*Amphicoma*），可能起到为植物授粉的作用，但需要进一步的研究。

以花粉为食的单爪鳃金龟的下颚刷也特化为可以吸收花蜜的形态。梳芫菁属（*Nemognatha*）及其亲缘物种拥有独特的、适于吸取花蜜的口器：细长、成对的外颚叶连接在一起，形成一个内侧带有刚毛的吸管，使甲虫能够利用毛细作用从花朵中吸取花蜜。

大多数访花甲虫并不是特别有效的传粉

ᛟ 欧洲的束带斑金龟甲（*Trichius fasciatus*）有点像蜜蜂，它们毛茸茸的身体上沾满了花粉，可能在某些花卉的授粉中发挥了重要作用

≫ 树的伤口流出汁液并起泡，表明它已经被细菌感染。甲虫，比如来自美国东部的绿花金龟（*Cotinis nitida*），经常会被这些流动的发酵汁液所吸引

者。授粉生物学家常常将它们贬低为"粪便和土壤的传粉者"，因为它们只是在花朵中进食和排便。为了确定甲虫作为传粉者的作用（如果有的话），需要对广泛的生物类群进行细致的调查，以确认其口器与摄食偏好和访花行为的关系。

树木流胶病

从树木自然产生的裂纹和缝隙，以及由疾病、虫害、修剪和伐木造成的伤口中渗出的汁液有时会被细菌感染，这被称为树木流胶病。深色、泡沫状的发酵树液对树木有害，因为这会吸引甲虫和其他昆虫。在北美洲东部，单色小丸甲（*Nosodendron unicolor*，属于小丸甲科，Nosodendridae）会出现在阔叶树上的流胶处；而在北美洲西部，加州小丸甲（*N. californicum*）则生活在原始森林中针叶树的相似环境中。

◂◂ 异球蕈甲属（*Anisotoma*，属于球蕈甲科，Leiodidae）的物种因与黏菌的生态关系而被俗称为黏菌甲虫。该属的大多数物种都以一些常见且显眼的真菌子实体为食。人们很难观察到甲虫与游动的原质团（黏菌在该阶段可能类似于巨型的变形虫）之间的相互作用，因为许多原质团非常小，且呈半透明状

︿ 这是一只来自苏里南的悦大蕈甲属（*Cypherotylus*）甲虫，其成虫和幼虫都以真菌为食。悦大蕈甲属有许多未描述的物种，需要进行现代修订

<< 绿色移叶象甲（*Polydrusus formosus*）在春季和夏季以许多乔木和灌木的嫩叶和花朵为食。这些甲虫原产于欧洲，在北美洲属于外来物种，有时会大量出现，并可能成为危害果树的害虫

↘ 虽然美洲金叶甲（*Chrysolina americana*）的学名中带了"美洲"，但其实际上原产于古北界西部地区和北非。该物种的成虫和幼虫均以唇形科的芳香植物为食，尤其偏爱迷迭香

食草甲虫

食草甲虫特化出各种各样的足，包括胫节顶端的刺突、具黏性的跗节垫和强有力的爪，这些特化的足能使甲虫紧紧附着在宿主植物的表面上进食。金龟科、芫菁科、叶甲科以及象甲科的许多成虫通常会从叶片边缘开始进食，只食用部分叶片，或者令叶片完全脱落。有害的成虫如饥似渴地啃食草坪、菜园的蔬菜、观赏灌木和庭荫树，以及农业或园艺作物，而其生活在地下的幼虫则经常进攻植物的根部。日本弧丽金龟是臭名昭著的"叶片终结者"，它们不仅只啃食叶片的一部分，而是有条不紊地啃食所有表面，只留下网状的叶脉。

潜叶虫、虫瘿制造者和种子捕食者

在植物外部取食植物，使甲虫及其幼虫面临各种危险，包括干燥失水，被捕食者和寄生虫攻击等。有多个科都具有在植物的保护性组织内部完成幼虫发育的类群。吉丁虫科、叶甲科以及象甲科的部分潜叶型幼虫会在叶片的上下表面之间啃咬，在叶片上留下变色的斑点、水泡或蜿蜒的虫道。

虫瘿是在植物叶、茎、根、果实或花上形成的瘤状突起，其大小、颜色和结构各不相同，是由各种真菌、病毒、线虫、螨虫或昆虫在植物组织上取食或产卵时引起植物组织局部增生形成的。能够导致虫瘿的甲虫包括吉丁虫科、叶甲科和象甲科的物种。体大且彩色

的茎甲属甲虫的幼虫在豆科植物的大茎内取食时，也会产生一种简单的虫瘿，这种行为被认为是潜叶行为与真正的虫瘿之间的过渡。

种子捕食者是以种子作为主要或唯一食物的物种。豆象甲是众所周知的种子捕食者，特别喜欢菜豆和豌豆。成虫将卵产在种子上，幼虫孵化后会在种子内咀嚼出一条虫道，随着进食逐渐将种子掏空，然后在里面化蛹。豆象甲取食豆科作物的习性，导致该属的一些物种成为储藏食物的严重害虫。

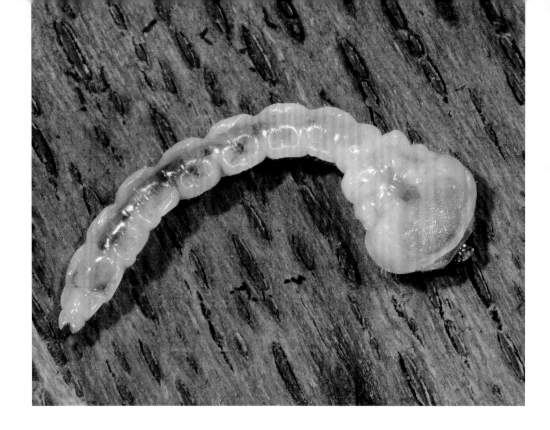

蛀干甲虫

很多甲虫会在枯死的树枝或树干上生活，其中一些喜欢长满真菌的腐木，这可能是为了尽量避免接触流淌的树液、取食抑制剂、驱虫剂以及活树的其他防御措施。大多数蛀干甲虫更喜欢针叶树或阔叶树。

蛀干甲虫的幼虫，通常具有退化的眼睛或没有眼，上颚粗壮，在树皮和边材之间挖掘虫道。不同的物种会通过在形成层中化蛹或钻入边材来完成发育。另外一些物种则只朝着心材进攻。吉丁虫科、天牛科和象甲科物种在树木的小枝、主枝、树干和根部的挖掘和取食活动，都会加速树木的腐朽。

树皮小蠹的幼虫只能在已被真菌削弱或杀死的树木上完成发育。因此，雌性成虫会将真菌孢子储存在身上的贮菌器中，这些真菌能杀死树枝，最终可能会导致整棵树死亡。食菌小蠹会在木材中啃出虫道，并将一种特殊的真菌接种其中，真菌随后会布满虫道壁，成为成虫和幼虫的食物。这些真菌和其他类似真菌的传播和生存完全依赖甲虫。

᠘ 吉丁虫的无足幼虫通常有宽且平坦的胸节，这导致它们在北美洲被误称为"平头蛀虫"

≫ 具斑窃蠹（*Anobium punctatum*，蛛甲科）原产于欧洲，现在几乎分布于全世界。其幼虫钻入枯木，很容易感染未经处理的旧的建筑用木材。新羽化的成虫会在木材上制造细小的圆孔出口，周围散布细木屑。这张具斑窃蠹的扫描电子显微照片经过人工着色，以增强画面的细节

拟步甲科的一种宽菌甲（*Platydema subcostatum*）是常见的食菌甲虫，广泛分布于北美洲东部。图中这只黑得有点发亮的甲虫正在啃食变色栓菌（*Trametes versicolor*）的边缘

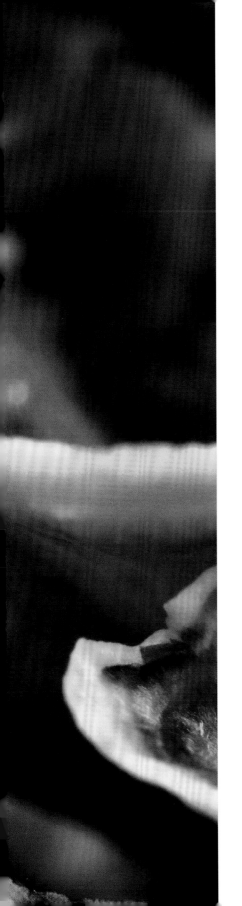

食菌甲虫

食菌甲虫的成虫和幼虫在很大程度上依赖真菌的子实体作为食物和居所，其中包括子囊菌门（Ascomycota）的真菌以及担子菌门（Basidiomycota）的蘑菇、马勃菌、层孔菌及其亲缘较近的真菌等。

生长在树干上的相对长寿且柔软的多孔菌，能支撑起多种甲虫类群的生活。球蕈甲科、薪甲科（Latridiidae）和另一些甲虫的成虫和幼虫经常与霉菌及其他真菌共同出现。一些粪金龟科、谷盗科（Trogossitidae）、大蕈甲科、伪瓢虫科（Endomychidae）、拟步甲科、斑蕈甲科（Tetratomidae）以及长角象甲科的物种，也与担子菌和子囊菌息息相关。缨甲科拥有世界上最小的甲虫之一，其栖息在多孔菌下方的孔隙中。马勃菌对于窃蠹科（Anobiidae）、露尾甲科、隐食甲科（Cryptophagidae）、伪瓢虫科、小蕈甲科（Mycetophagidae）和筒蕈甲科（Ciidae）的一些特定物种有着特别的吸引力。尽管大多数隐翅虫都是捕食性甲虫，但据记载，巨须隐翅虫属（Oxyporus）的成虫和幼虫都是菌食性的。

食肉甲虫

　　食肉甲虫的成虫通过捕食或寄生在其他昆虫或动物身上来获取营养。它们主要捕食其他昆虫，也会攻击小型无脊椎动物，如蛞蝓、蜗牛、蚯蚓、蜘蛛、螨虫和马陆等。龙虱科的大型物种及其幼虫甚至能够捕食小鱼和两栖动物。

ˇ 分布于亚欧大陆的绿虎甲（*Cicin-dela campestris*）会追捕猎物，并用锋利有力的上颚抓住它

➤➤ 龙虱科的一些物种，比如图中这对来自欧洲的黄缘龙虱，体形大且强壮，足以捕杀像三刺鱼（*Gasterosteus aculeatus*）这样的小型脊椎动物

步甲科和虎甲科的甲虫在追逐昆虫猎物时，会用其强壮的上颚快速地杀死并撕裂猎物。隐翅虫科和阎甲科的物种会在落叶堆、粪便和腐肉里，抑或是树皮下、腐烂的植物和真菌组织中以及树木流汁处，寻找蛆、螨虫和其他小型节肢动物。有的甲虫是一些生活在鸟窝和哺乳动物巢穴中的螨虫或跳蚤幼虫的天敌。郭公虫科和一些花萤科物种会分别捕食蛀干昆虫和吸食树汁的昆虫。谷盗科物种及叩甲科的一些物种同样以蛀干甲虫及其幼虫为食。豉甲科甲虫会攻击被困在水面上的陆生昆虫。许多牙甲科物种，如牙甲属的甲虫，既摄食动物组织，也取食植物。

捕食性的金龟科甲虫并不常见。尽管不是严格的食肉动物，但分布于南美洲和非洲的一些蜣螂已知会攻击并杀死马陆。扁犀金龟属（*Phileurus*）的成虫也吃各种昆虫，颌花金龟甲属（*Cremastocheilus*）的物种则捕食蚂蚁幼体。

　　来自鞘翅目多个科的能快速移动的蛞型幼虫，会在落叶堆或树皮下积极地捕猎，而明显安静的虎甲科幼虫则会伏击离垂直洞穴入口很近的猎物。一些步甲科和隐翅虫科的幼虫会主动寻找并吃掉叶甲科、豉甲科以及蝇科物种的蛹。稚萤（叩甲科）的幼虫是蜗牛的天敌。

　　光萤科幼虫会在短暂跟随马陆后，通过卷曲自己的身体阻挡在马陆身前以将其逼停，随后用锋利的镰刀形上颚咬住马陆的头部后方和下方，并注入麻痹性毒素和消化酶。由于失去了行动能力，马陆无法释放有毒的防御性化学物质，会随着内脏和组织的液化而迅速死亡。最后，光萤幼虫钻入马陆体内，吞噬除外骨骼和防御腺外的所有组织。

一只雌性变色妖萤（*Photuris versicolor*）正在捕食一只雄性光萤（*Photinus tanytoxus*）。妖萤属雌虫会复制萤科其他属物种的生物发光信号，引诱并吃掉其他物种的雄虫，获得其体内的防御性化学物质，并传递给后代

寄生生物

寄生生物的生存依赖于单一的猎物或宿主，但通常不会危及其生命。最为人所知的寄生甲虫之一是球蕈甲科海獭甲亚科（Platypsyllinae）的物种。这些俗称寄居甲的甲虫的成虫和幼虫几乎终身都是外寄生虫，它们寄生在河狸或啮齿动物的身体上，以宿主皮肤的分泌物为食。在河狸的寄生甲虫中，海獭甲（*Platypsyllus castoris*）只有蛹阶段会离开宿主。

拟寄生物

与寄生生物不同，拟寄生物最终会杀死宿主，其本质上是高度专性的捕食者。在甲虫类群中，只有幼虫是拟寄生物，并会经历复变态发育阶段。芫菁科幼虫会攻击埋在土壤中的蝗虫卵块，或是侵入独居蜜蜂的地下巢穴，打劫其储藏的花粉和花蜜，并吃掉其幼虫。羽角甲科的幼虫是蝉若虫的外拟寄生物。虽然人们对大花蚤科幼虫的生物学特性几乎一无所知，但可以确定的是，它们在一部分生命阶段里是内寄生虫，且根据物种的不同，它们会专性攻击天牛科、窃蠹科和各类蜜蜂和胡蜂的幼虫。隐颚扁甲科（Passandridae）和穴甲科（Bothrideridae）的幼虫都会寄生于吉丁虫科和天牛科的蛀干甲虫的幼虫身上。在步甲科中，莱步甲属（*Lebia*）的幼虫会吃掉叶甲科物种的蛹，而短鞘步甲属幼虫则会攻击豉甲科的陆生蛹。

食腐甲虫

食腐甲虫以各种植物、真菌、动物和其他有机组织为食，它们在生态系统中发挥着重要作用，通过分解和分配所消耗的组织，促进了微生物的活动，加快了分解过程和营养的循环。

一些食腐甲虫更喜欢通过真菌和细菌的作用来"熟成"宿主植物。许多粪食性甲虫（如牙甲科、粪金龟科和金龟科的一些物种）依赖于粪便，这些粪便中充满了被陆生有蹄类动物（如羚羊、骆驼、牛、鹿、大象、长颈鹿、猪和犀牛等）和其他脊椎动物的肠道部分消化的植物原料，粪食性甲虫便会利用其特化的上颚来过滤悬浮在植物原料周围液体中的细菌、酵母菌和霉菌。一些粪食性甲虫不仅取食粪便，还会将大量营养物质埋藏起来作为幼虫的食物。甲虫掩埋粪便的行为，可以减少有害蝇类的繁殖场所，并帮助土壤补充养分。因此，这些最不受欢迎的勤劳的甲虫其实是对人类最有益的昆虫之一。

栖息在世界各地沙漠中的杂食性拟步甲是机会主义者，以各种有机物质为食。虽然它们更喜欢啃食死去植物的碎片，但偶尔也会吃死掉的昆虫（如果碰上了）。

葬甲和覆葬甲主要以新鲜尸体为食，偶尔也会捕食蝇蛆。皮金龟喜欢干燥的遗骸，其大部分营养来源于富含角蛋白的羽毛、皮毛、爪和蹄。啃食干尸体的郭公虫也会在肉干中滋生。皮蠹以死去的脊椎动物或蜘蛛网上和胡蜂窝内的昆虫残骸为食。世界各地的自然历史博物馆都利用特定的皮蠹来清理动物骨骼用于研究和展览。不幸的是，皮蠹的食谱中还包括各种储藏物，以及博物馆研究馆藏中不可替代的珍贵的研究用毛皮和昆虫标本。

<< 皮蠹属物种通常会出现在死亡的脊椎动物身上。原产于欧洲的波纹皮蠹（*Dermestes undulatus*）也出现在北美洲，偶尔会侵扰欧洲食品店的食品储藏。它还出现在加拿大沿海地区的海滩漂流物中

Manticora latipennis
宽翅大王虎甲
不会飞的大型食肉甲虫

科	步甲科 Carabidae
显著特征	世界上体形最大的虎甲之一
成虫体长	42—57 毫米

宽翅大王虎甲体形大，身体坚硬，体色呈均匀发亮的黑色或红棕色。雄虫的左上颚略短，并弯曲覆盖于右上颚上，而雌虫的上颚均较短，且形状相似；宽大的鞘翅愈合在一起，呈心形，外缘锐利，表面有许多尖锐的突起。该种的分布范围从坦桑尼亚、博茨瓦纳到南非。

这些不会飞、昼行性的大王虎甲主要生活在长着灌木植被的沙质稀树草原上。它们通常在清晨活动，随后在下午晚些时候到日落期间才再次活动，白天的其他时间和夜晚都在其挖掘的浅洞中度过。人们认为宽翅大王虎甲是通过触角上的气味探测器来定位猎物的。它的头和上颚高高举起，在开阔的沙地上不规则地奔跑，寻找甲虫、毛毛虫、蟋蟀、蚱蜢和白蚁。雄虫在交配时，会用其长而弯曲的上颚抓住雌虫的前胸。幼虫体大、头平，独居在只有夏天才开放的非垂直洞穴中。它们会从洞穴中扑向附近路过的节肢动物，并用强壮的上颚捕捉猎物。幼虫可能需要几年时间才能完成发育。

虎甲族（Manticorini）下有两个属：大王虎甲属（*Manticora*）和 *Mantica* 属。大王虎甲属包含 13 个种，与其他非洲虎甲的区别在于鞘翅宽、有横缘且有瘤状突起，头部和上颚大，上唇还有 6 个齿状突起。*Mantica* 属的唯一物种 *Mantica horni* 生活在纳米比亚南部，它们头部较小，体形更纤细，上唇只有 4 个齿状突起。

"*Manticora*" 的意思是"食人者"，源于古代波斯传说中的一种神话生物，它有着人的头和狮子的身体，以及一个长有毒刺或类似蝎子的尾部。

贪婪的捕食者

巨大的大王虎甲成虫和幼虫都以昆虫为食。独居的幼虫会猛冲出洞穴，捕食洞穴口附近的节肢动物。

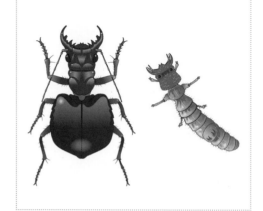

作为世界上最大的虎甲之一，宽翅大王虎甲在非洲大草原的沙地上游荡、捕食昆虫，包括毛毛虫、蟋蟀、蚱蜢、白蚁和其他一些甲虫。当不寻找食物或配偶时，这些主要在白天活动的甲虫便会躲在浅洞中度日

Chlaenius circumscriptus
紫黄缘青步甲

成虫是广食性捕食者，幼虫只以蛙类为食

科	步甲科 Carabidae
显著特征	幼虫通过摆动触角和口器来引诱猎物
成虫体长	18—24 毫米

　　紫黄缘青步甲的体色主要为黑色，带有绿色或蓝色的金属光泽；粗糙点状的前胸背板稍宽，鞘翅的外缘和端缘呈淡黄色，附肢呈淡红黄色；鞘翅的两侧外缘几乎平行，翅表面有明显的条纹。该物种分布于欧洲南部和北非，东至哈萨克斯坦。

　　在以色列，青步甲栖息在雨水池边的泥土和沙质土壤中，这些地方也是两栖动物的繁殖地。白天，青步甲通常与两栖动物共享庇护所，而当两种动物在夜间活动时，掠食者和猎物不可避免地相遇了。在实验室里，紫黄缘青步甲捕食了 4 种两栖动物：绿蟾蜍（*Bufo viridis*）、萨氏雨蛙（*Hyla savignyi*）、沼蛙（*Pelophylax bedriagae*）和大斑真螈（*Salamandra infraimmaculata*）。它会先跳到蛙类的背上，在其下背部咬出一个切口。当猎物停止活动，它就开始从猎物的背部和侧面进食，通常不吃头部和足部。

　　紫黄缘青步甲曾经被划为 *Epomis* 属，该属曾被认为是青步甲属（*Chlaenius*）的亚属。青步甲属包含来自亚欧大陆和非洲的约 30 个物种。紫黄缘青步甲与另一个地中海的物种——德氏青步甲（*C. dejeani*）相似，但体形稍大些，前胸背板的轮廓也不同，鞘翅横向间隔的点状分布较少。青步甲族（Chlaeniini）的成虫以各种无脊椎动物（无论生死）为食，通常也会取食脊椎动物的尸体。

　　虽然青步甲属的成虫是广食性捕食者，但紫黄缘青步甲和德氏青步甲的幼虫都是以活的两栖动物为食的专食性物种。它们会"守株待兔"，摆动触角和特化的上颚来吸引蛙类的注意。当蛙类攻击幼虫时，后者会避开其长长的舌头，用锋利的双钩状上颚将自己固定在蛙的头部下方，然后像过滤器一样吮吸蛙的体液。

猎蛙者

紫黄缘青步甲和德氏青步甲的幼虫通过摆动触角和上颚来吸引蛙类的注意。当蛙类误以为幼虫是运动的食物并开始攻击时，自己却被幼虫的双钩状上颚牢牢地抓住了。

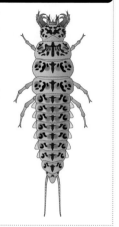

青步甲属的大多数物种都是伺机捕食其他昆虫的捕食者，但紫黄缘青步甲更喜欢活着的蛙类。它会主动利用触角和口器作为诱饵，躲避两栖动物黏黏的舌头，将上颚刺进蛙的喉咙，随即吮吸其体液

Platypsyllus castoris

海獭甲

一种栖息在河狸皮毛上的类似跳蚤的甲虫

科	球蕈甲科 Leiodidae
显著特征	这种寄生甲虫曾被认为是一种不同寻常的跳蚤
成虫体长	1.9—2.2 毫米

海獭甲外形似跳蚤，背腹扁平，呈黄褐色，有深色斑纹，没有眼，且不会飞；触角短且粗壮，部分被围在勺状的第 2 触角节内；前胸背板的长度几乎与短片状的鞘翅相同，短而多刺的足适于在河狸浓密的皮毛中穿行。该物种的分布范围反映了其宿主的分布范围：从北极圈到墨西哥，跨越了北美洲；偶然被引入亚欧大陆，寄生在西欧和北欧的河狸身上；很可能也会向东传播到蒙古和中国。

海獭甲是一种寄生于美洲河狸（*Castor canadensis*）和河狸（*C. fiber*）身上的体外寄生生物。成虫及所有 3 个龄期的虱子状幼虫，都是扁平的外寄生虫，以宿主的皮肤和体液为食。在一些北美洲种群中，超过 60% 的河狸的身体上寄生了近 200 只海獭甲。但这些鞘翅目寄生虫似乎并没有对河狸造成困扰。（人们收集到的）海獭甲通常是从刚被杀死的河狸那浓密的皮毛上梳理得来的。

海獭甲是海獭甲属唯一的成员，成虫与其他海獭甲亚科成员的区别在于其扁平的外表。海獭甲亚科通常被称为寄居甲，包含 4 个属，都是无翅，无眼或几乎无眼，背腹扁平的外寄生虫，寄生于河狸或啮齿类动物身上。除海獭甲属外，该亚科其他所有物种的外表明显都更像甲虫。

1869 年，荷兰昆虫学家昆拉德·里茨马（Coenraad Ritsema）首次将该物种描述为跳蚤。同年，英国昆虫学家、考古学家和插图画家约翰·奥巴迪亚·韦斯特伍德（John Obadiah Westwood）认为这种昆虫非常独特，他为其描述了一个全新的昆虫目——无翅目（Achrioptera）。而在 1872 年，美国鞘翅目昆虫学家约翰·劳伦斯·勒康特（John Lawrence LeConte）正确地认识到了这种昆虫实际上是一种甲虫。

➤➤ 图为海獭甲的背侧（左）和腹侧（右）视图。这种甲虫原产于北美洲，被偶然引入亚欧大陆。该物种最初被认为是一种不同寻常的跳蚤，直到1872年，约翰·勒康特仔细检查了一个标本，并注意到它的咀嚼式口器、宽松的前胸背板和鞘翅，才将其确认为甲虫

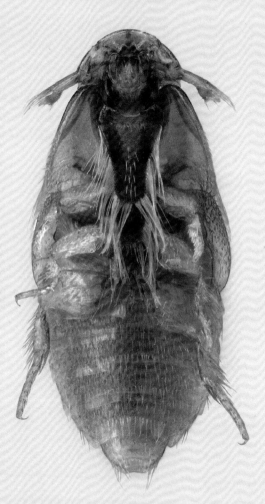

Circellium bacchus

加蓬失飞蜣

南非开普地区南部的一种魅力十足的蜣螂

科	金龟科 Scarabaeidae
显著特征	非洲最大的滚粪球的甲虫
成虫体长	22—50 毫米

加蓬失飞蜣身体强壮，呈椭圆形、明显凸起，是一种不会飞的黑色甲虫；前胸背板的长度不比鞘翅短多少，鞘翅在肩背部呈圆形，没有后翅；雄虫的后足明显弯曲，内缘有锯齿，而雌虫的后足没那么弯曲，且很光滑。该物种专性分布在阿多大象国家公园（Addo Elephant National Park）的沙丘灌木栖息地，并零星地出现在南非的南部海岸。

这种又大又显眼的、昼行性的甲虫主要在1月和2月活跃。对成虫粪便的分子分析表明，它们摄食至少16种动物的粪便，其中包括大象、南非水牛、黑犀、羚羊、长尾黑颚猴和一些小型啮齿类动物。作为食物，成虫更喜欢啮齿类动物的粪便，而对于喂养下一代，栖息在茂密植被中的大型食草动物的粪便则是首选。雄虫和雌虫都会滚粪球，但只有雌虫会开始、构建并滚动孵卵球。它们每年喂养一只幼虫，并与幼虫共同生活在地下洞穴中直到其发育完成。

作为在非洲南部被描述的第一批蜣螂之一，加蓬失飞蜣曾被归入蜣螂族（Scarabaeini），但现在它被暂时归入凸蜣螂族（Canthonini）。不过最近的形态学和分子分析又表明，这两个族群都不太适合这种与众不同的神秘甲虫。

由于这种相对较大的蜣螂分布有限且分散，再加上其历史分布范围明显收缩、且繁殖缓慢，因此一些研究人员将其视为濒危物种。在阿多大象国家公园，该种数量丰富，对许多游客来说，它们与长鼻目动物一样魅力超群。公园各处都设置了标志，警告司机不要碾压任何甲虫，也不要碾压路上可能成为它们庇护所的成堆的粪便。

➢ 因其零散的分布、狭窄的栖息地偏好和其他生物学特征，加蓬失飞蜣被认为是稀有物种。它是南非开普地区少数享有法律保护的昆虫之一

Euchroma gigantea
木棉帝吉丁
世界上最大的吉丁虫

科	吉丁虫科 Buprestidae
显著特征	其鞘翅被一些亚马孙人用作珠宝
成虫体长	50—60 毫米

这种金属色的吉贝（*Ceiba pentandra*，俗称美洲木棉）蛀虫，体形大，身形强壮且细长；背部表面多为金属绿色，带有红色或紫色色调；羽化后，身体上会覆盖一层花粉状的黄绿色蜡状粉末，但很快就会消失；前胸背板上有一对又大又黑的斑点，鞘翅上有明显的粗糙褶皱。该物种分布于墨西哥南部和西印度群岛到阿根廷的新热带界森林中。

该种的成虫是强健的飞行者，经常会被刚砍下的原木吸引。它们通常会在吉贝树下阳光充足的地方四处飞行、休息或上下爬动。雄虫的鞘翅会发出声响以吸引雌虫的注意。交配后，雌虫会在锦葵科（Malvaceae）的各种植物以及南洋杉属（*Araucaria*，属于南洋杉科，Araucariaceae）和榕属（*Ficus*，属于桑科，Moraceae）植物的树皮缝隙中产下小批量（多至 10 枚）的卵。幼虫会在树皮下啃出虫道，然后向下钻入植物根部以完成发育。成熟的幼虫体长可达 150 毫米。

木棉帝吉丁是该属唯一的物种，被归入金吉丁甲亚科（Chrysochroinae）的 Hypoprasini 族中。其大体形、独特的体色和体表的纹路，很容易就能把它与该地区的其他吉丁虫区分开来。该种之下已描述有 5 个亚种。

作为新大陆最大的吉丁虫，其名字的意思是"色彩斑斓的巨人"，而其坚硬的似金属一般的鞘翅，则被用作珠宝或用来装饰纺织品。亚马孙河流域的吉瓦罗人会将它们的鞘翅（称为"wauwau"）融入装饰物中，用来象征权力、财富和健康。而生活在墨西哥恰帕斯州说泽套语的玛雅人，有时会用明火烤干成虫并吃掉。据记载，居住在亚马孙盆地西北部的图卡诺人会吃它们的幼虫。

>> 刚羽化时，木棉帝吉丁的鞘翅会暂时覆盖上黄绿色的蜡状粉末。雌虫通常会在吉贝的树干上产卵，除了吉贝，它们也会利用其他几种树。这种甲虫的体形、体色和鞘翅表面的纹路非常独特

Gibbium aequinoctiale

拟裸蛛甲

一种微小、类似螨虫的甲虫，
寄生在储藏食品中

科	蛛甲科 Ptinidae
显著特征	在没有食物或水的干旱条件下可以存活长达 3 个月
成虫体长	1.7—3.2 毫米

拟裸蛛甲是一种球状、类似螨虫的小型甲虫，体色多样，从微红色到黑色都有；其相对较长的触角和足，以及腹面都密布着金色的刚毛；头部和前胸平滑无毛；鞘翅愈合，没有翅；4 节的腹部，前 2 节在腹面愈合；雄虫在后胸腹板处有一簇浓密的刚毛，而雌虫没有；幼虫的上颚含有高浓度的锌和锰，所以它们能够咀嚼坚硬、干燥的种子。由于商业贸易活动，这种不会飞的物种如今几乎遍布世界各地。

拟裸蛛甲常见于面粉厂，偶尔也出现在医院和仓库。它们会在各种干燥的储藏物（如狗饼干、种子、粮食、麸皮和谷物等）中大量滋生。它们通常与腐烂的植物和动物材料相关，包括变质的面包和啮齿动物的粪便等。

裸蛛甲属（*Gibbium*）包含两个物种：拟裸蛛甲和麦裸蛛甲（*G. psylliodes*），它们的外观非常相似，只有仔细地检查其触角窝和生殖器官的形状，才能有效地区分它们。麦裸蛛甲通常也被称为驼峰甲虫，主要分布在地中海地区。

这两个物种在形态和习性上都与鳞蛛甲属（*Mezium*）物种相似，但该属物种的头部和前胸密布刚毛，腹部有 5 节腹面。

拟裸蛛甲是一种害虫，因其能适应恶劣的环境，会出现在储藏物、仓库和家中。球状的身体、不透水的外骨骼和不活跃的行为能力，加上体内含水量和净蒸腾速率整体较低，它们能够在没有食物和水的炎热、干旱条件下生存长达 3 个月。

家里的蛛甲

裸蛛甲属和鳞蛛甲属的蛛甲是家中、商店和仓库储藏物的害虫。裸蛛甲属物种的头和前胸背板平滑无毛，而鳞蛛甲属物种则密被刚毛。拟裸蛛甲更可能出现在北美洲，通过检查雄虫的外生殖器，可以将其与麦裸蛛甲区分开来。

| 拟裸蛛甲 | 麦裸蛛甲 | 鳞蛛甲 | 美洲鳞蛛甲 |

拟裸蛛甲几乎遍布全世界。它们通常
出现在各种腐烂的植物和动物材料
中，并因能在干燥的储藏物中大量滋
生而为人所熟知。即使在炎热干燥的
环境下，它们也能在没有食物或水的
情况下生存数月

Zarhipis integripennis
西部带状光萤
具备生物发光能力的幼虫是马陆的捕食者

科	光萤科 Phengodidae
显著特征	雌性成虫与幼虫相似
成虫体长	12—23 毫米

西部带状光萤的雄虫身体柔软，体形细长、扁平；在橙色和黑色的头上，两眼分布两侧，上颚呈明显的镰刀状；触角有 12 节触角节，其中大部分有双分支状的延伸，每个延伸部分的长度是对应触角节长度的 5 倍；腹部要么呈橙色，最后 1 节或 2 节体节为黑色，要么大部分为红黑色；鞘翅略短于腹部。该物种分布于北美洲太平洋沿岸，从美国华盛顿南部到墨西哥下加利福尼亚州北部，东至美国内华达州和亚利桑那州西南部。

在春末和夏初，西部带状光萤的雄虫易被灯光所吸引。幼态化的雌虫可能会释放信息素，并利用其生物发光的行为吸引雄虫。成虫不进食，而幼虫却会捕食马陆。幼虫会缠绕在马陆的身体上，然后迅速绕到马陆的头部后侧下方注入致命剂量的消化酶。如果攻击发生在地面上，幼虫会用触角将马陆拖到土壤里，以猎物液化的内部组织为食。

Zarhipis 属的雄虫与北美洲其他光萤属物种的区别在于它们体形大，触角呈双栉形，鞘翅能覆盖大部分或整个腹部。雄性西部带状光萤与同属其余两个物种的雄虫的区别在于其头部呈凹形，鞘翅相对较长，全身几近等宽。

Zarhipis 属的幼虫和幼态化雌虫都具有明显的生物发光性。其胸部和腹部的每一节上都有一对发光器官，能产生黄绿色的横向斑点和条纹。这种光的排列让人联想到火车车厢上带照明的窗户，因此人们给它起了一个俗名——"铁路蠕虫"。生物发光较弱的雄虫，从蛹中出来后很快就会失去发光的能力。

一场杀戮

为了杀死一只马陆，西部带状光萤的生物发光型幼虫会先将身体盘绕在猎物头部，然后敏捷地接触到马陆的头部下方，从马陆的膜质颈部注入致命剂量的消化酶。幼虫会吸食马陆液化的内部组织，最终只留下其环状的"武装"外壳。

身体柔软的*Zarhipis*属雄虫比幼态化的
雌虫看起来更像甲虫，它们有镰刀状
的上颚和双栉形的触角

Bolitotherus cornutus

角胸菌甲

吃真菌的神秘夜行生物

科	拟步甲科 Tenebrionidae
显著特征	北美洲被研究得最深入的菌甲
成虫体长	8.5—13 毫米

发育完全的角胸菌甲体色多变，从暗红色到深棕色，甚至还有黑色的个体；但刚从蛹中羽化出来时，它们的体色通常较浅。它们的外骨骼非常粗糙，鞘翅上有一排排孤立的瘤状突起；雄虫的唇基上有一个分叉的延伸部分，前胸上有一对向前突出的球茎状角，其顶端下面密布着硬的黄色刚毛；雌虫没有角，但前胸背板上有一对明显的瘤状突起。该物种广泛分布于北美洲东部。

这些神秘的夜行性甲虫在其生命周期中，大部分时间都生活在腐烂原木上的多年生木质多孔菌的表面或内部，如灵芝属（*Ganoderma*）和层孔菌属（*Fomes*）。当受到攻击时，它们会装死，或从腹部腺体释放有毒且刺激性的液体。这种防御性分泌物的化学含量和效力取决于甲虫所食用的真菌。雄虫用角与其他雄虫战斗，从而接近雌虫。雌虫通常在一种层孔菌的子实体上产下一枚卵。幼虫主要呈白色，身体厚实呈圆柱形，它们会在真菌内部啃食出虫道，最终化蛹。

角胸菌甲是该属唯一的物种。它是食葷甲族（Bolitophagini）的一员，该族包括世界范围内少数以真菌为食的甲虫物种。与北美洲其他食葷甲族物种不同，角胸菌甲的触角有 10 个触角节，最后几个触角节只略微扩张；而北美洲其他的食葷甲——*Eleates* 属、*Bolitophagus* 属和

Megeleates 属物种则有 11 个触角节。

角胸菌甲的雄虫的角尺寸多样，从很短到相对较长都有。角和体形大小的变化，很大程度上取决于雄虫在幼虫阶段所食用真菌的质量和数量。因此，雌虫选择的产卵地点决定了后代角和体形的大小，而这两个因素都有助于提高其繁殖成功率。

隐藏起来

白色、身体厚实呈圆柱形的角胸菌甲幼虫，会利用其强壮的上颚在寄生于腐烂原木或树桩上的层孔菌内部挖掘。

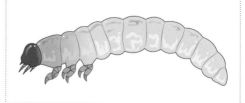

根据长且钝的胸角，很容易就能辨别出雄性角胸菌甲，其胸角下面密布着红黄色的刚毛。该物种一生中的大部分时间都生活在寄生于枯木树干的多年生木质多孔菌（如灵芝属和层孔菌属）上

Tenebrio molitor

黄粉虫

幼虫通常被用作鱼饵和人类宠物的食物

科	拟步甲科 Tenebrionidae
显著特征	该物种被商业化养殖，用于人类宠物的食品供应和科学研究
成虫体长	12—18 毫米

　　黄粉虫的成虫体形细长、两侧平行，体色呈有光泽的深红棕色至黑色，触角和足通常是红色的；鞘翅上有浅沟或条纹；后翅发育完全。幼虫体呈长圆柱形，体色呈黄色，但头部和腹部尖端的颜色较深。该物种原产于欧洲西部，但因其具有商业价值，现在几乎遍布全世界。

　　黄粉虫常见于粮仓、谷仓、磨坊、面包厂和其他植物食品商店中。成虫和幼虫都是杂食性，其肠道生物群落可以帮助它们分解植物和动物的组织。它们在麸皮、面包、玉米粉、意大利面以及干果中发育，这些食物以及其他储藏食品会因黄粉虫蜕掉的幼虫外骨骼和废物的堆积而变质。黄粉虫偶尔会在动物制品中大量滋生，如皮革制品。

　　拟步甲属（*Tenebrio*）是拟步甲族（Tenebrionini）下的一个小类群。黄粉虫在形态和栖息地偏好上都与黑粉虫（*T. obscurus*）相似，但其头部和前胸背板上的小孔较少，且比相对无光泽的黑粉虫看起来更亮。

　　黄粉虫长期以来一直是昆虫生理学领域的研究对象。昆虫养殖已经引起了科学家和企业家的注意，他们正在寻找可服务于动物和人类的可替代及可持续的食物来源。黄粉虫幼虫由于蛋白质和脂质含量高，营养丰富，而且易于大量繁殖，长期以来一直被作为鱼饵和宠物（包

括鸟类、爬行动物和两栖动物）的食物出售。它们作为养殖鱼类、家禽和猪饲料的用途也正在世界各地扩大范围。最近的研究还显著表明，黄粉虫幼虫不仅可以作为家畜产生的有机废物的回收者，还可以帮助处理塑料垃圾。

多种用途的幼虫

黄粉虫是少数几种幼虫比成虫更为人所知的甲虫之一。商业化养殖的幼虫被用作鱼饵、人类宠物的食物，并展现出回收废弃物的潜力。

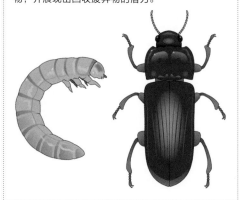

黄粉虫易于大规模生产，价格相对低
廉，长期以来一直被用作宠物食品和
鱼饵。如今，企业家希望将黄粉虫作
为可持续的动物蛋白来源，供人类和
家养动物食用

BEETLES IN MEDICINE, SCIENCE & TECHNOLOGY
医学、科学和技术领域中的甲虫

甲虫在医学中的应用

在世界上许多地方，甲虫长期以来被认为是重要的营养来源和民间疗法的关键原料。但在西欧文化中，甲虫基本上被视为害虫。然而，在文艺复兴和大航海时代，欧洲人开始将甲虫视为科学研究的对象。

昆虫疗法是一种利用昆虫衍生产品进行治疗的方法，已经在世界范围内践行了几个世纪。长期以来，甲虫和其他昆虫（包括活体、煮熟、磨碎，或制成注射药剂、绷带、药膏和软膏）一直被人们用来治疗或预防各种疾病。这些疗法可能起源于人类食用甲虫的行为。

甲虫最早在医学上的用途可能是更直接也更实用的。例如，据记载，地中海地区的蝼步甲属（Scarites）甲虫大且有力的上颚曾被用来缝合伤口。

某一特定甲虫物种的外观或行为，有时可能暗示了它的医疗用途。在老挝的传统医学中，巨蜣螂属甲虫被用于治疗腹泻和痢疾，尽管它们可能是寄生性蠕虫和致病菌的中间宿主。欧洲锹甲的灰烬曾被人认为是一种有效的性兴奋剂。在墨西哥的伊达尔戈州，梅斯基塔尔奥托米人（HñäHñu，即 Mezquital Otmi）认为，食用相对健壮的雄性椰独疣犀金龟甲（Strategus aloeus），尤其是吃掉其前胸上叶片状的角，会增强食用者的男性气概。这种信念并没有任何医学依据，其积极的效力仅仅源于人们的想象。

其他甲虫在传统治疗中的历史用途和制备的灵感来源尚不明确。罗马博物学家和哲学家老普林尼（Pliny the Elder，公元 23 年或 24—79 年）曾提出，在一对蜥蜴之间绑住欧云鳃金龟（Polyphylla fullo），是治疗疟疾的一种方法。在 17 世纪，欧洲人将从大栗鳃金龟（Melolontha hippocastani）幼虫中提取的油作为治疗局部抓伤和风湿病的药物，而浸过葡萄酒的成虫被认为有助于治疗贫血。步甲科、瓢虫科、叶甲科和象甲科的甲虫被磨碎后，被用来缓解牙痛。还有人认为，只要戴上一条装饰有蒂菲粪金龟（Typhaeus typhoeus）的项链，就能治愈各种疾病。

传统医学，有时被称为地方医学或民间医学（或替代医学，如果在其传统文化范畴之外被采用），结合了在现代医学或科学医学出现之前世代相传的长期知识。一些研究人员并没有彻底否定这些知识，而是尝试对传统疗法进行测试，以更好地理解和扩展有效的疗法。

为了自卫，甲虫会自然产生具有药理性质的化合物，包括抗生素、抗真菌剂、抗肿瘤剂、抗微生物剂、抗炎剂、抗氧化剂、细胞毒素和神经毒素等。目前虽然只有少数甲虫产生的化合物经过了实验评估，但越来越多的证据表明，有些化合物确实具有有益的性质。

在亚洲的传统医学中，昆虫和其他节肢动物是常见的原材料。仅在中国，传统医学从业者就利用了来自 14 科 34 属的至少 48 种甲虫。芫菁因其组织中含有防御性化合物——斑蝥素而被广泛使用。虽然斑蝥素以其所谓的壮阳作用而闻名，但它的毒性极

<< 斑蝥素是一种由芫菁分泌的具腐蚀性的单萜类化合物。雄性疱绿芫菁（Lytta vesicatoria）在交配期间会将斑蝥素转移给雌虫。随后，雌虫会在卵的表面涂上这种有毒化合物以保护后代

高，即使是低剂量使用，也会引起胃肠道的暂时性炎症或导致肾衰竭而死亡。尽管如此，仍有至少 4 个不同属的 11 种芫菁，在亚洲被广泛用于治疗各种疾病，尤其是斑蝥属（*Mylabris*）。

在韩国的传统医学中，斑蝥属物种被用于治疗皮肤疔、真菌感染、中风引起的瘫痪、淋巴结肿大、狂犬病、淋病和梅毒。中国传统医学的从业者还在治疗传染性的发热、淋巴结、坏死组织、膀胱结石、秃顶、瘀伤和尿路阻塞等病症的处方中开具斑蝥属物种的提取物。在西方文化中，皮肤科医生长期使用斑蝥素局部治疗疣（人乳头状瘤病毒，简称 HPV）和水疣（传染性软疣病毒）。最近的研究表明，斑蝥素及其衍生物在体外能抑制几种人类癌细胞的生长。

<< 斑蝥属的芫菁能产生斑蝥素，这是一种在亚洲广泛用于治疗各种疾病的化合物

抗癌化合物

甲虫所产生的化合物正被研究用于抗癌治疗。青腰虫素是一种防御性毒素，主要存在于雌性毒隐翅虫的血淋巴中，是已知最毒的物质之一，是内共生的假单胞菌属（*Pseudomonas*）的副产物。青腰虫素具有潜在的抗肿瘤用途，因为它能通过抑制 DNA 和蛋白质的合成（而非 RNA 的合成）来阻止细胞分裂（有丝分裂），从而减缓癌细胞的生长。双叉犀金龟（*Allomyrina dichotoma*）足中的 Dichostatin 蛋白也具有抗癌特性，已被证实对特定的肿瘤非常有效，并在中国已被用于治疗食管癌和肝癌。白星花金龟（*Protaetia brevitarsis*，右图）广泛分布于亚洲大部分地区，虽然有时候会成为农业害虫，但该物种有几个积极的属性：其幼虫是可食用的；有助于分解农业废弃物；其体内含有脂肪酸，这些脂肪酸已被证实对某些癌症的肿瘤有效。

甲虫启发科技创新

今天，世界各地的科学家认识到，在演化的进程中，每一种甲虫都发展出了一套独特的属性，使其能够适应特定的环境挑战。根据甲虫的适应特性研究其演化过程的研究人员，正在获得一些有价值的发现，而这些发现可能会极大地改善人类的生活状况。

仿生学，是研究自然和自然过程，以了解其潜在机制的学科。与从头开始研发复杂而昂贵的工程技术（通常需要长时间的试验和试错）不同，生物过程已经经历了数百万年的自然选择测试。

鉴于甲虫非常古老，它们所蕴含的科学和技术价值是巨大的。每个物种都包含大量的形态学、遗传学和化学信息，可用于开发新材料和颠覆性技术，以推进医学、科学和技术领域的发展。

LED 设计的进展

萤火虫的发光器官启发了研究人员寻找更明亮、更节能的照明方法。在所有生物发光的萤火虫中，发光器发出的大部分光都是通过外骨骼散射出去的，但有一部分会被外骨骼反射回发光器，这降低了发光器的整体亮度。LED（发光二极管）的外涂层也存在类似的情况。

一个由欧洲和北美洲的科学家组成的国际团队发现，妖萤属（*Photuris*）的萤火虫在覆盖发光器的外骨骼上有锯齿状的、似瓦片的鳞片。这些鳞片具有光学特性，可以提高发光器所发散的光量。利用这些信息，科学家在 LED 灯上涂了一层光敏材料，然后用激光刻蚀其表面，形成类似于萤火虫外骨骼鳞片表面的外形。令人惊讶的是，使用在相同能量的情况下，LED 灯发出的光比正常情况下增加了 55%。然而遗憾的是，改进后的 LED 灯被更多地用于户外照明系统，这增加了光污染，导致城市和郊区生境下萤火虫数量的减少。

受生物发光的萤火虫和萤叩甲属物种启发的技术，不仅限于帮助我们设计出了更好的 LED 灯。生物发光的生物化学原理，特别是萤光素酶，已被用于多种应用，包括检测食品和饮料中的细菌含量、研究基因表达和细胞生理学、生物医学研究的成像组织，以及探测外太空的生命等。

‹ 萤火虫腹部的浅色发光器官被称为发光器。基于覆盖在发光器上的外骨骼的光学特性，科学家研发了改善LED灯的涂层，使这些人工光源更加明亮

›› 我们对生物发光的生物化学原理的理解，是基于对包括萤叩甲属物种在内的特定物种的研究，并因此发展出了各种应用，包括检测医疗设备中的生物污染、探测其他星球上的生命等

恶魔般的外骨骼

　　长期以来，异种材料的连接一直是工程师所面临的挑战。例如，使用黏合剂、机械紧固件（钉子、螺钉、螺母和螺栓、锚固件或铆钉）或焊接，将塑料或复合材料连接到金属上，可能会增加重量或引入压力，导致材料的腐蚀和断裂。生物工程师向大自然寻求解决方案，研究方向聚焦在了魔铁幽甲（*Phloeodes diabolicus*）身上。

　　这些不会飞的甲虫有着坦克般的外骨骼，非常坚硬，因此它们被称为"自然界的硬骨头"。虽然小到可以被整只吞下，但这些会装死的甲虫不太可能长时间吸引大型捕食者的注意。较小的捕食者，如鸟类和蜥蜴，肯定会发现要通过啄食或咀嚼来打开它们很

难。而制作昆虫标本时用到的固定针也会被魔铁幽甲弄弯，所以它们在学生和昆虫学家之间声名狼藉。

　　显微图像、计算机模拟和3D打印模型显示，魔铁幽甲紧凑的、如装甲般厚重的外骨骼是由紧密的联锁板组成的，这些由冲击吸引结构加固的联锁板能够承受甲虫自身体约39 000倍的力量。这几乎相当于一个人能够支撑起40辆M1艾布拉姆斯主战坦克，而每辆坦克就重达54吨！魔铁幽甲外骨骼的背面由一系列坚韧的交叉结构加固。这些结构包括不易弯曲的、相互连接的拉链状的齿，以及抗损伤的犬牙交错的突起，其中包含由蛋白质黏合在一起的组织层。生物工程师正在探索合成类似的结构作为紧固件的可

<< 魔铁幽甲只分布于北美洲西部的加利福尼亚植物区的林地中。这种甲虫的身体结构启发了生物工程师，合成其结构特征，用于飞机、建筑和桥梁的建造

>> 魔铁幽甲有着令人难以置信的坚硬结实的外骨骼，抗压性极高。右边的X射线断层扫描照片揭示了三种将鞘翅连接到腹部的微结构，这种结构使它们能够承受相当于其体重39 000倍的压力

∨ 鞘翅中缝的横截面光学显微照片显示，鞘翅沿着中缝呈交叉状，就像拼图块一样紧紧咬合

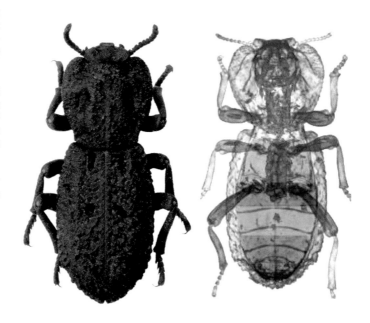

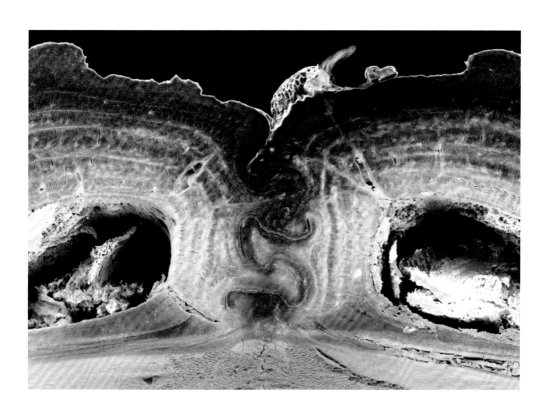

能性，以用于制造飞机发动机、建筑物和桥梁的连接结构件。

赛博格甲虫

　　"赛博格"（Cyborg）是"控制论"（cybernetics）和"有机体"（organism）两个词的组合，指的是通过机械或电子手段来增强或控制的有机体。在美国国防部高级研究计划局（DARPA）的资助下，加利福尼亚大学伯克利分校和新加坡南洋理工大学的研究人员用图大花金龟甲（*Mecynorhina torquata*）开发出了一种赛博格甲虫。他们将一个1平方厘米大小的由电池供电的微处理器连接到甲虫的前胸背板，并将电极嵌入甲虫大脑的视叶和胸部特定的神经肌肉部位。电极的精确放置，使得操作人员可以远程控

⋏　赛博格甲虫，如图中这只图大花金龟甲，其性能优于机械无人机。与机器人相比，它们的运行成本相对较低，不过使用寿命不够长

制甲虫的行为，包括飞行和行走。当负电压脉冲传递到大脑时，甲虫的翅肌开始跳动，而正电压会让翅停止扇动。在飞行时，对一侧翅肌的直接刺激能使昆虫向另一侧转弯。通过这些信号之间的快速切换，操作员可以控制甲虫的起飞、变换飞行方向和着陆；通过改变对足部肌肉的电刺激频率，也可以控制甲虫的步态和行走速度。

与脊椎动物相比，利用甲虫和其他昆虫作为研究对象，所面临的伦理问题相对较少，因此它们成为赛博格的理想候选者。甲虫很小，但足够强壮，可以携带相对较重的装载物（包括相机、麦克风和热传感器），在危险环境下可用于监视和搜救任务。与机械的机器人或无人机不同，生产赛博格甲虫不需要太多微小零件的复杂装配，如传感器和制动器等，实现所需运动只需要精确植入微处理器和电极。赛博格甲虫的性能优于机械无人机，运行成本也较低，但最大的缺点就是使用寿命相对较短，且难以克服。

探索与发现

对甲虫的研究，是生物勘探者、生物工程师和生物材料学家探索的一个激动人心的前沿领域。因甲虫而发现的化合物、结构和材料及其后续的合成等，都需要大量的投入，不仅要投入复杂的分析工具和技术，还要投入分类学和系统研究，以促进准确的鉴定和完备的系统发育分类。而这些活动的可持续性，取决于对甲虫及其生境的保护。

甲虫"汁"

纳米布沙漠中有一些拟步甲可以利用鞘翅从雾中提取水滴。生物工程师已经仿制出这些沐雾甲虫粗糙的鞘翅表面，以从雾中获取水来灌溉作物，还制造出疏水性纳米涂层，使透镜、挡风玻璃和其他表面防雾。

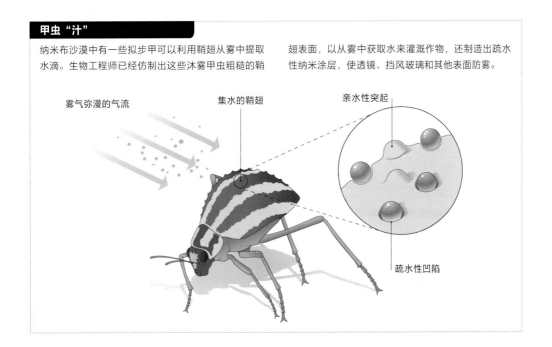

雾气弥漫的气流　　集水的鞘翅　　亲水性突起

疏水性凹陷

Dineutus sublineatus

中美隐盾豉甲

极为适应在水面上生活

科	豉甲科 Gyrinidae
显著特征	眼完全分开，中足和后足像桨一样
成虫体长	14—15 毫米

中美隐盾豉甲呈宽椭圆形，略微凸起，背部为深橄榄色，腹部为黑色；触角有 6 个触角节，前胸背板和鞘翅的侧面没有茸毛。小盾片不明显，鞘翅边缘略呈波状，端部呈宽圆形；捕食用的前足细长，中足和后足短且呈桨状。

在水面上游泳时，豉甲流线型的身体能将阻力降到最低。复眼以水位线为界完全分为上叶和下叶：上叶用于保持其在周围环境中的方向以及与其他豉甲的距离，下叶则完全专注于观察水下。豉甲有着极其灵敏的触角，可以探测猎物、捕食者和配偶。当受到攻击时，隐盾豉甲属（*Dineutus*）的物种和其他豉甲会分泌一种令人厌恶的肛门分泌物，这不仅能赶走捕食者，还有助于减小水的阻力。

隐盾豉甲属包括 84 个物种，其中有 15 种出现在美洲地区。隐盾豉甲属与新大陆其他豉甲的不同之处，在于其体形更大，鞘翅没有明显的刻纹，前胸下方有凹陷以容纳前足。中美隐盾豉甲可以通过大小、颜色和分布来区分。

豉甲的英文名是"whirligig"，这来源于它们在水面上盘旋时的图案。生活在水面上的豉甲适应了水流和波浪的阻力。豉甲拥有流线型

的身体和两对桨状的足，并且能够通过独立调节每一对足的划水频率来控制游泳速度，它们是地球上最节能的游泳者之一。

适应水上的生活

和所有豉甲一样，中美隐盾豉甲流线型的身体使其能在水面上划行。它们的前足适于捕捉被困在水中的昆虫，而桨状的中足和后足则用来划水，以推动身体前进。

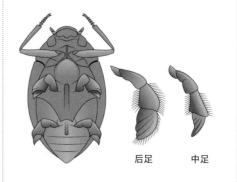

后足　　中足

豉甲通常在池塘或流动缓慢的溪流表面以圆形模式游动。以豉甲为灵感，人们设计了一种机器人来测试节能高效的推进系统，以期研发出转弯半径更小的水陆两用车

Brachinus crepitans

噼啪短鞘步甲

通过肛门"炮塔"喷射腐蚀性烟雾

科	步甲科 Carabidae
显著特征	其防御系统激发了技术的变革
成虫体长	7—10.2 毫米

噼啪短鞘步甲身体呈橙红色，鞘翅为深蓝色；其鞘翅末端有些缩短，看起来像是在端部被切断了一样。该物种广泛分布于欧洲和非洲北部，向东至中亚干燥的温带地区。

噼啪短鞘步甲的成虫主要在 5 月和 6 月活动，通常出现在阳光充足、开阔生境中的岩石和其他碎屑下面。当受到惊扰时，它们会精准地从肛门喷出由过氧化氢、氢醌和其他催化酶构成的沸腾烟雾（见第 50 页）。这种有害的化学烟雾对其他昆虫是有毒的，而且当其从甲虫身体喷出时发出的噼啪爆裂声可能会吓走潜在的捕食者。噼啪短鞘步甲的成虫是捕食性的，而幼虫是沟步甲属（*Amara*）物种的蛹的外拟寄生物。

短鞘步甲属被归入短鞘步甲亚科（Brachininae）的短鞘步甲族（Brachinini）。全世界已知的短鞘步甲有 9 个亚属 300 多个种，其中大部分分布在北半球。新北界有 50 个种，而欧洲已知有 40 种。噼啪短鞘步甲是该属唯一一种在英格兰发现的物种，主要分布在南部的白垩土地区。

种加词"*crepitans*"指的是甲虫从肛门中喷出防御性烟雾时发出的爆裂声。短鞘步甲的脉冲化学防御机制，可与德国在第二次世界大战中使用的 V-1 导弹的脉冲喷射推进机制相媲美。短鞘步甲的防御机制激发了一项革命性技术的发展，该技术能够精确控制喷雾的颗粒大小和温度。这项技术被应用于改进汽车燃油喷射系统的设计，提高药物输送喷雾器的可靠性，并给新一代灭火器提供了灵感——可以扑灭不同类型的火灾。

脉冲喷射推进

依靠其炮塔状的肛门，短鞘步甲可以将滚烫的防御性烟雾精准地喷向攻击者。

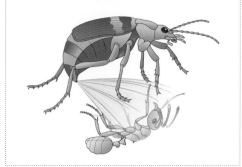

噼啪短鞘步甲的成虫会捕食各种小型昆虫和其他节肢动物，幼虫则是沟步甲属物种的蛹的外拟寄生物

Chrysina gloriosa

绚丽青金龟甲

名副其实的甲虫

科	金龟科 Scarabaeidae
显著特征	科学家对它们外骨骼的光学特性非常感兴趣
成虫体长	22—30 毫米

绚丽青金龟甲的身体结实，体形呈椭圆的凸面形，体色为亮丽的绿色，也有个别个体全身呈现出明显的粉红色、红色或紫色；足通常带有黄色调；每片鞘翅各有 4 条或多条近乎连贯的银色条纹。该物种分布于美国亚利桑那州，东至得克萨斯州西部，南至墨西哥的索诺拉州和奇瓦瓦州；栖息在刺柏和栎树 – 刺柏林。

绚丽青金龟甲的成虫大多在 7 月和 8 月活跃。它们以刺柏属（*Juniperus*）植物的叶片为食，并在刺柏上交配，通常会被夜晚的灯光吸引。白天，它们把自己埋在土壤中，阴天时则会出现在叶片上。虽然主要在夜间活动，但它们偶尔会在夏季季风期炎热潮湿的下午飞出。幼虫在腐朽的亚利桑那悬铃木（*Platanus wrightii*）和其他阔叶树原木中发育，并在土壤中化蛹。

从美国西南部的山脉到南美洲西北部的安第斯山脉，分布着超过 100 种青金龟甲属（*Chrysina*）甲虫。绚丽青金龟甲的成虫鞘翅上有着绿色和银色的条纹，这与美国西南部的其他 3 个物种不同。勒孔特青金龟甲（*C. lecontei*）以松木为食，身体呈闪亮的深绿色，腹部和足部呈古铜色。拜尔青金龟甲（*C. beyeri*）以栎树为食，身体呈明亮的苹果绿色，胫节和跗节呈明显的淡紫色。伍德青金龟甲（*C. woodii*）则以胡桃树为食，身体大部分为亮绿色，有淡黄色的亮点，跗节呈淡紫色。

绚丽青金龟甲身上不规则的银色条纹使其在刺柏上看起来不像甲虫，因此对饥饿的捕食者来说不那么明显。其外骨骼的色彩和其他光学特性是由物理结构而非化学色素导致的。仿制这种结构以制造能够反射特定光的材料，是材料科学家特别感兴趣的课题。

➤➤ 绚丽青金龟甲身上不规则的银色条纹，使这种华丽的甲虫在刺柏上休息、觅食和交配时不那么显眼

Mecynorhina torquata
图大花金龟甲
用作实验的自动化生物体

科	金龟科 Scarabaeidae
显著特征	体形很大，仅次于巨花金龟甲属的物种
成虫体长	55—85 毫米

　　图大花金龟甲体形大且结实，体色大部分为绿色，前胸背板和鞘翅上有白色的线条和斑点；头部大部分为白色，带有一些黑色斑纹；雄虫的头部有一个巨大的呈三角形向上弯曲的角，雌虫没有这一防御器官；前足有大而锋利的刺突，尤其是雄虫；鞘翅通常是绿色的，也可能会略带紫色。该物种栖息在非洲西部和中部的森林中，包括喀麦隆、中非共和国、刚果民主共和国、加蓬、加纳和科特迪瓦。

　　成虫以树液和过熟的水果为食，而幼虫吃腐朽的木材和其他植物性食物。这个物种经常被人工饲养，并在昆虫馆展出。人工饲养的雌虫可能会产下 30 枚或更多的卵。成熟幼虫长度可达 80 毫米，体重可达 40 克。一旦时机成熟，它们就会利用周围基质中的植物材料构建化蛹的土茧。

　　非洲热带区的大花金龟甲属（*Mecynorhina*）花金龟还有另外 9 个物种：哈里斯大花金龟甲（*M. harrisi*）、克拉茨大花金龟甲（*M. kraatzi*）、穆肯吉亚纳大花金龟甲（*M. mukengiana*）、奥氏大花金龟甲（*M. oberthuri*）、橙点大花金龟甲（*M. passerinii*）、多斑大花金龟甲（*M. polyphemus*）、萨维奇大花金龟甲（*M. savagei*）、塔韦尼耶西大花金龟甲（*M. taverniersi*）和乌干达大花金龟甲（*M. ugandensis*）。根据图大花金龟甲不同的颜色和斑纹，可以识别出 3 个亚种：指名亚种（*M. t. torquata*）、无斑亚种（*M. t. immaculicollis*）和波吉亚种（*M. t. poggei*）。

　　通过非正规采集这种甲虫和其他艳丽的甲虫，并在甲虫贸易市场出售，为主要依靠农业、狩猎和采集为生的农村家庭提供了额外的收入。图大花金龟甲的大体形，以及便于人工饲养的特性，使其成为制作赛博格甲虫的对象。昆虫类机器人飞行时需要大量能量，而微型电池只能在相对较短的时间内为飞行提供动力。而这种大型甲虫是一种自然节能的飞行器，可以作为携带监控和其他设备的平台。

　　≫　体形大、易于人工饲养的图大花金龟甲已被应用于监控型赛博格甲虫

Stenocara gracilipes
细足狭拟步甲
启发了疏水纳米涂层的发展

科	拟步甲科 Tenebrionidae
显著特征	鞘翅表面的亲水性和疏水性是生物工程师开发新材料的模型
成虫体长	7—13 毫米

　　细足狭拟步甲呈凸面形，身体大部分为黑色，有细长的足；前胸背板的前角是圆形的，两侧要么有粗糙的小孔，要么是褶皱；鞘翅呈窄（雄虫）或宽（雌虫）的梨形，有长排的小瘤状突起；每一片鞘翅有时会有一个宽的棕色或白色的蜡状条纹。该物种栖息在非洲南部的纳米布沙漠和卡拉哈迪沙漠。

　　这些常见且分布广泛的甲虫，能够从雾或露水中提取水分。它们偶尔出现在沙丘边缘，但更喜欢有岩石的生境。其鞘翅表面交替排列着能吸纳水的亲水性瘤状突起，而这些突起又被排斥水的疏水性表面包围。在实验室里，潮湿空气经过鞘翅后会留下水滴，这些水滴附着在较冷、吸水的瘤状突起上，聚集并变大，到达防水表面后就会向下滚动。

　　狭拟步甲属（Stenocara）属于漠甲亚科（Pimeliinae）的长足甲族（Adesmiini）。长足甲族包含 11 个属，大部分物种来自非洲的热带地区。狭拟步甲属共有 13 个种，全部都生活在非洲南部。

　　细足狭拟步甲的鞘翅结构启发了具有亲水或疏水特性的纳米涂层设备的发展。人们正在研发具有亲水表面的设备，以从露水和雾中获取水。例如，"空投"灌溉系统将空气泵入地下网络管道，而这些管道是以狭拟步甲属甲虫为灵感设计的。当空气冷却并凝结时，水蒸气聚集成液滴，与作物的根部直接接触。疏水的纳米涂层能使眼镜、护目镜、挡风玻璃和其他表面防雾。集水和防水的表面易于复制且成本低廉，可以使用计算机打印机、丝网印刷或注塑成型工艺来生产。

　　➤➤　细足狭拟步甲的身体有时会部分覆盖上褐色或白色的蜡状物，这有助于保持凉爽

Phloeodes diabolicus
魔铁幽甲

几乎不会被压碎，坚不可摧

科	幽甲科 Zopheridae
显著特征	能够承受汽车的碾压
成虫体长	15—25 毫米

  魔铁幽甲的身体呈细长的椭圆形，体色为暗褐色或灰黑色，背面粗糙的纹路有大量的瘤状突起；其北方的种群在鞘翅末端往往有一层硬壳般的暗淡涂层；每个触角由 10 个触角节组成，最后一节形成一个松弛的棒状；前胸越往后越窄，在其下方的两侧各有一个深且清晰的凹槽，可用于容纳触角；小盾片很隐蔽，鞘翅通常有月牙形的柔和的黑色斑块；足上没有一排排密集的金色刚毛，跗节式为 5–5–4。该物种栖息在美国加利福尼亚州的加利福尼亚植物区和墨西哥下加利福尼亚州北部的林地。

  在山麓和沙漠林地中，有时会出现大量的魔铁幽甲成虫。在春末和夏季，人们经常发现它们在下午晚些时候或傍晚时分穿过栎树林的小径。夜晚，它们出现在真菌滋生的原木和树桩上。白天，它们躲在腐朽的栎属（*Quercus*）、杨属（*Populus*）、悬铃木属（*Platanus*）、柳属（*Salix*）植物或其他地面上的木质松散的树皮下。"轻装甲"的短足幼虫适合钻入树干和被白腐菌侵染根冠的相对完好的枯木里。

  铁幽甲属（*Phloeodes*）包含两个物种。褶皱铁幽甲（*Phloeodes plicatus*）与魔铁幽甲相似，但其前胸下侧没有明显的容纳触角的凹槽，鞘翅上也没有柔和的黑色斑块，而是在每片鞘翅末端有 3 个宽的球状隆起。幽甲属（*Zopherus*）的物种与铁幽甲属相似，但它们有 11 个触角节，足上有一排排金色的刚毛。这两个属都被归入幽甲亚科（*Zopherinae*）中的幽甲族（*Zopherini*）。

  材料学家试图了解这些看似不会被压碎且无法穿透的甲虫的物理特性，而魔铁幽甲正是他们进行深入研究的对象。铁幽甲属和幽甲属物种的寿命很长，很容易被人工饲养，它们以被真菌感染的木材、苹果片和燕麦为食。

  ≫ 材料科学家正在仔细研究魔铁幽甲看似不会被压碎且无法穿透的身体，试图仿制其特定结构，并用来开发连接不同特性材料的紧固件

Lytta vesicatoria

疱绿芫菁

以强大的防御性化学物质斑蝥素闻名

科	芫菁科 Meloidae
显著特征	因斑蝥素被用作壮阳药而声名狼藉
成虫体长	12—22 毫米

疱绿芫菁是一种细长、柔软的金属绿色甲虫，有时会呈现绿蓝色、金色或古铜色的虹彩结构色；蚂蚁状的头部和前胸背板比鞘翅的基部窄得多；鞘翅表面有微弱的脉状隆起；雄虫的中足末端有一对尖刺。该物种分布于欧洲南部、亚洲中部和西伯利亚地区。

疱绿芫菁的成虫主要以梣属和一些忍冬科（Caprifoliaceae）、木樨科（Oleaceae）和杨柳科（Salicaceae）等乔木和灌木的叶片为食。当受到惊吓时，成虫会从足关节释放出油滑的黄色毒性液滴——斑蝥素。尽管疱绿芫菁雄虫和雌虫的组织内都含有斑蝥素，但斑蝥素主要是在雄虫体内产生。在交配过程中，雄虫会将斑蝥素转移给雌虫，然后雌虫再传递给卵，从而能驱逐捕食者以保护后代。其幼虫是蜜蜂幼虫的拟寄生物，会在独居蜜蜂的地下巢穴中完成发育。

绿芫菁属（*Lytta*）被归于芫菁亚科（Lyttinae）的绿芫菁族（Lyttini），其下分为 9 个亚属，分别分布于新北界、新热带界、古北界和东洋界。已确认的 5 个疱绿芫菁亚种有：指名亚种（*L. v. vesicatoria*）、弗罗伊德亚种（*L. v. freudei*）、缘突亚种（*L. v. heydeni*）、莫雷纳亚种（*L. v. moreana*）和泡突亚种（*L. v. togata*）。

让人发疱的化合物——斑蝥素，于 1810 年被首次从疱绿芫菁中分离出来。在人类身上，

斑蝥素会引起一种皮肤炎症反应，称为发疱性甲虫皮炎。这种病症有时会让人感到剧烈疼痛，偶尔还会留下疤痕。斑蝥素对一些昆虫来说是强效的神经毒素，人们已经研究了其作为杀虫剂的潜在用途。但它最为人所知的可能是传言中的壮阳功效。斑蝥素曾被用于治疗阳痿，因其对尿道有刺激作用。但即使只是摄入少量斑蝥素，也能导致肾衰竭甚至死亡。斑蝥素至今仍是护发产品和药品的成分之一。

生命初始

芫菁会经历复变态发育，特征是具有从活跃到相对静止的不同的幼虫形态。疱绿芫菁小而瘦长的一龄三爪蚴非常敏捷，一旦找到并进入合适的宿主蜜蜂的巢穴，三爪蚴就会依靠蜜蜂的花粉食物来完成发育。

疱绿芫菁分布在欧洲南部和非洲北部，东可至中亚和西伯利亚地区。成虫吃各种乔木和灌木的叶片，幼虫则是地面筑巢的独居蜜蜂的拟寄生物

Diamphidia nigroornata

布须曼箭毒甲虫

非洲南部的桑人用它们来制作毒箭头

科	叶甲科 Chrysomelidae
显著特征	幼虫的血淋巴中含有一种强效毒素
成虫体长	10 毫米

布须曼箭毒甲虫呈椭圆的凸面形，身体大部分为橙色，具黑色斑纹；触角和足大部分是黑色的，基部为橙色；头部有黑色的眼，眼中间有"T"形标记；前胸背板和鞘翅都有明显的黑点；腹部腹面为橙红色。这种热带界物种栖息在博茨瓦纳、莫桑比克和南非。

布须曼箭毒甲虫的成虫和幼虫都以橄榄科（Burseraceae）没药树属（*Commiphora*）植物的叶片为食。雌虫在茎上产下至多 15 枚卵，然后用黏稠的橄榄绿色粪便将其覆盖，粪便会很快变硬、变黑。幼虫会让这些粪便保持为略成固体的颗粒、长长的粪条或湿团状，以便令其几乎覆盖住自己的背部。这些粪便中可能含有从宿主植物中分离出来的毒素。成熟的幼虫会"脱掉"防御的粪便，爬下或落到地上化蛹。它们会沿着滴水线在 1 米深的地方结出沙质的茧。幼虫可能会休眠数年，但一旦化蛹，很快就会发育完成。

热带界的 *Diamphidia* 属甲虫被归类于萤叶甲亚科（Galerucinae）。其中包含埃塞俄比亚到南非的 9 个已描述物种，与其亲缘关系密切的 *Polyclada* 属有 12 个种。*Diamphidia* 属和 *Polyclada* 属都具有民族昆虫学意义，因为一些物种被非洲南部的桑人用来制作毒箭头。

桑人用手从沙子中筛出 *Diamphidia* 属的虫茧，然后将其打开，从每个茧中取出幼虫。他们或是直接将幼虫用作毒药，涂抹在箭头或干燥的弦上，或是将其与咀嚼各种树皮后产生的唾液混合。其中主要的有毒成分是双安福毒素（diamphotoxin），通过破坏猎物的红细胞来慢慢杀死猎物。了解幼虫及其宿主植物的有毒成分，可能会启发重要的医学应用。

一点点就足够

为了制作毒箭头，纳米比亚的桑人用手在沙子中筛出 *Diamphidia* 属的虫茧，再小心地取出每一个成熟的幼虫，将其体液（血淋巴）与唾液混合，再以不同的方式涂抹在箭头上。他们不会使用成虫和蛹。

布须曼箭毒甲虫的成虫和幼虫都以没药树属植物的叶片为食。幼虫身上覆盖着长长的粪条或潮湿的粪便，这些粪便可能含有从宿主植物中分离出来的毒素。当幼虫成熟时，它们会钻到沙子里结茧化蛹

Brachycerus ornatus

红斑短角象甲

一种不会飞的、有显著斑纹的大型象甲

科	象甲科 Curculionidae
显著特征	成虫和幼虫只以沙殊兰为食
成虫体长	25—45 毫米

红斑短角象甲体形很大且粗壮，不会飞，腹部呈宽圆形；身体黑色，有亮红色斑点；吻部短且宽，尖端有厚且钝的上颚；吻部和前胸背板的表面有独特的凹槽和瘤状突起，而鞘翅的表面则相对光滑。该物种广泛分布于非洲东部和南部的干旱地区。

9 月，当宿主植物——沙殊兰（*Ammocharis coranica*）开始在地面上长出新叶时，红斑短角象甲的成虫就出现了。它们通常在黄昏开始进食，一直吃到深夜，首先取食最底层和最隐蔽的叶片，沿着叶片边缘啃出大的半圆形。

交配后，雌虫会在被叶片遮蔽的浅洼地里将卵产在沙殊兰的鳞茎旁。卵偶尔会被蚂蚁掠食。2 月或 3 月、10 月或 11 月是降雨量最高的时期，也是该物种的产卵高峰期。卵孵化后，幼虫向下钻到沙殊兰根部，然后啃食并进入鳞茎。成熟的幼虫在距离地面大约 20 厘米的深度建造蛹室。成虫在 6 月至 8 月单独或成群越冬。它们在野外的寿命未知，但有些个体在人工饲养条件下可能存活近两年。

短角象甲属（*Brachycerus*）甲虫广泛分布于古北界和热带界，包含 600 多个物种。非洲南部的三个主要类群包含约 135 个种。无翅短角象甲（*B. apterous*）族群（包括红斑短角象甲）的幼虫都在石蒜科（Amaryllidaceae）植物的鳞茎中发育，而天门冬短角象甲（*B. asparagi*）和不等短角象甲（*B. inaequalis*）族群的幼虫则分别利用天门冬科（Asparagaceae）和阿福花科（Asphodelaceae）植物。

来自纳米比亚 Nyae Nyae 地区的原住民桑人会将这些斑纹鲜明的象甲作为装饰用的魔法珠子，女性将其作为项链佩戴，以治疗胃痛。祖鲁人（Zulu）的传统治疗师长期以来一直使用类似受象甲启发的珠宝来治疗由巫术引起的痛苦。2013 年，纳米比亚发行了红斑短角象甲的邮票，这是纳米比亚甲虫系列邮票的其中一部分。

➤➤ 这些象甲引人注目的斑纹和粗壮的身体，使其被用来装饰首饰。人们还认为它们具有治疗各种疾病的神奇力量

STUDY & CONSERVATION
研究与保护

物种灭绝的驱动因素

所有物种的最终结局都将面临局部灭绝或灭绝。局部灭绝指地方性局部灭绝，而当物种在其分布范围内不再存在时，就称为灭绝。每个物种的特定生态学、形态学和地理范围特性，都会导致其面临局部灭绝和灭绝的风险。甲虫也会受到各种环境和人为因素的压力，这些压力可能会降低它们的总体数量。随着数量的减少和种群的消失，我们和其他生物赖以生存的生态系统服务也会随之减少。只有通过细致的研究，我们才有希望保护甲虫及其栖息地，从而维系我们自身的生活质量。

火灾和酸雨不断蚕食或摧毁甲虫的栖息地。电灯会非自然地吸引高密度的甲虫群体，导致它们受到伤害或捕食。光污染对甲虫的生物学和行为产生了负面的影响。灭蚊灯也不必要地杀死了甲虫和无数其他夜行性昆虫。过度放牧、溪流和河流的蓄水以及伐木和森林砍伐导致的土壤侵蚀，都给甲虫种群造成了严重损害。

栖息地的丧失和碎片化

为了农业、住宅和商业发展而改造自然生境，是甲虫栖息地永久丧失的主要原因。土地开发不仅导致甲虫栖息地碎片化，使甲虫栖息地不再适合生存，还破坏了甲虫到达其余宜居栖息地碎片的自然廊道。没有这些廊道，甲虫和其他野生动物便要么无法到达宜居的栖息地碎片，要么被迫困在不适宜的人类社区、购物中心和农田区。

在过去半个世纪里，世界热带雨林面积的迅速减少和随之而来的物种损失，受到了应有的关注。然而长期以来，温带森林和其他敏感栖息地也一直遭受着破碎化和丧失的威胁，而这些栖息地中生存着大量独特的甲虫物种。在世界上仅存的温带原始森林中，斑薯甲科、长朽木甲科（Melandryidae）、伪天牛科（Stenotrachelidae）和拟花蚤科（Scraptiidae）的腐木甲虫种群完全依赖森林结构来维持生存。然而森林管理措施使这些成熟的

↗ 将自然土地开发为农业、住宅和商业用地，是栖息地永久丧失的主要原因

↗↗ 来自北美洲东部的斜沟硕黑斑薯甲（Penthe obliquata，左图）和狄长朽木甲（Dircaea liturata，右图）都被认为是腐木甲虫，因为它们依赖死亡或垂死的树木为生。由于森林管理不善，特别是对原始森林的破坏，导致了许多腐木甲虫的减少

森林变得支离破碎，不仅降低了粗木质碎屑的可用性，还严重影响了甲虫的食物供应，且由于边缘效应，还不可逆转地改变了小气候。

　　沿海和沙漠地区的沙丘也生存着独特的甲虫种群，但这些生境如今正不断受到越野车和采矿场的威胁。例如，加利福尼亚州东南部的阿尔戈多内斯沙丘（Algodones Dunes）是美国最大的沙丘系统，向南延伸至墨西哥索诺拉州的大沙漠保护区（Gran Desierto el Altar）。位于加利福尼亚的沙丘部分构成了美国土地管理局管理的帝国沙丘休闲区（Imperial Sand Dunes Recreational Area）

的主要部分。由于极度干旱的气候和极端的温度，这些沙丘是许多珍稀甲虫的家园。而该地区也是娱乐、露营和越野车爱好者的胜地，这里的流沙每年都能引来数百万辆沙丘车、全地形车和怪物卡车。迄今为止，由于

ꜛ　世界热带和温带森林遭受的迅速且大规模的破坏，以及随之而来的独特生物组合的丧失，导致了生物多样性的灾难性损失。遗留下的生境碎片，通常已不适合包括甲虫在内的许多本土生物的长期生存

ꜛꜛ　锹甲的幼虫，如北美洲东部的美洲深山锹甲（*Lucanus elaphus*），需要在腐烂的木材中完成发育。随着森林的衰退，这些甲虫和其他腐木甲虫的幼虫赖以生存的腐烂原木也将不断减少

缺乏明确的证据表明相关物种受到越野车活动的直接威胁，美国联邦政府《濒危物种法》对当地特定物种的保护一直未能取得成效。

污染

　　人们格外关注农药的使用，因为农药对非目标甲虫和其他昆虫存在潜在的影响。控制杀虫剂的漂移是保护甲虫的一个关键措施。杀虫剂漂移是指为防治农业害虫而在农田施用的杀虫剂，被风或水携带到自然生境的现象。生活在海岸线上的珍稀的、受威胁的濒危虎甲物种，特别容易受到湿地中农药漂移的影响。人们还已知牛粪中伊维菌素和其他抗寄生虫药物的存在，会对蜣螂的发育速度、幼虫的存活率和成虫的繁殖产生不利

↗ 加利福尼亚州东南部的阿尔戈多内斯沙丘是许多独特的沙漠植物和动物的家园，包括多个甲虫类群。不幸的是，这里的流沙吸引了数百万辆沙丘车、全地形车和怪物卡车，它们不断威胁着这个独特沙漠生境的本土物种

↗ 虎甲（Cicindela albissima）仅在美国犹他州南部的珊瑚粉红沙丘生态系统的一个小区域出现过。尽管其栖息地已受到保护，不会被越野车影响，但干旱的条件以及本土的捕食者和寄生虫，仍对这唯一已知种群的生存构成了严重威胁

↗↗ 在牛身上所使用的伊维菌素和其他抗寄生虫药物会对蜣螂的繁殖和发育产生负面影响，其中包括大草原蜣螂（Canthon pilularis），这是一种来自北美洲东部的滚粪球型的金龟

的影响。只需在蜣螂不活跃时对牛进行寄生虫治疗，就能有效减轻这些有害影响。

污染不仅限于土壤、空气和水中的化学残留物，也是对环境产生不利影响的其他活动的结果，例如冷却设施所释放的热水。石油泄漏会对沿海物种产生不利影响，而工厂和造纸厂排放的化学物质会对生活在下游的甲虫的物种组成和发育速度产生不良影响。

入侵物种

瓢虫和蜣螂是作为生物防治剂出口到世界各地的非常受欢迎的生物类群。然而有意引进的异色瓢虫，与欧洲和北美洲本土的瓢虫数量下降密切相关。鉴于这种甲虫强大的

扩散能力，其对本地瓢虫种群的有害影响可能仍会持续。而引入的蜣螂对本地物种的影响尚不清楚，需要进一步研究。

由于白蜡窄吉丁的入侵，北美洲近百种依赖梣属植物的食草甲虫正面临着严峻威胁。其中包括 4 种犀金龟：大犀金龟（Dynastes

ⱽ 作为一种蚜虫捕食者，原产于亚洲的异色瓢虫被有意引入北美洲。如今，它因侵入数百或数千人的住宅和附属建筑物越冬而被认为是一种害虫。据推测，在过去几十年中，这个物种导致了多个本地瓢虫物种数量减少

≫ 据估计，白蜡窄吉丁最终将毁灭北美洲几乎所有的梣属植物。然而，气候变化导致的气温下降可能会杀死大量白蜡窄吉丁，从而将它们的种群密度降低到植物所能承受的水平

∧ 地球的气候总是在变化，即使是温度和降水量的微小变化，也会直接或间接对甲虫及其生境产生巨大影响

grantii，也称美西白兜）、美东白犀金龟（*D. tityus*）、牙买加犀金龟（*Xyloryctes jamaicensis*）和犀金龟（*X. thestalus*），它们在生命周期的某个阶段都需要利用栎属植物。

气候变化

尽管媒体上流传着大量激烈言论、错误信息和虚假信息，但人类造成的气候变化已成现实，正在向我们袭来。在众所周知的昆虫中，生活在温带北部生境的蝴蝶和蜻蜓的分布变化最能证明这一点。对欧洲步甲过去和现在的习性和分布的对比研究，也为气候变化的影响提供了见解。

对第四纪甲虫化石的研究表明，扩散是大多数物种适应上一阶段气候变化的主要机制。大约1万年前，欧洲在末次冰期结束时，气温迅速上升，迫使许多物种向北扩散。无法移动或适应气候的物种可能已经灭绝，但缺乏足够的化石证据支持这一假设。一些研究人员怀疑，仅靠扩散是否能确保现代甲虫和其他昆虫的生存，因为栖息地的碎片化会阻止它们扩散。

即使它们有地方可去，甲虫为应对气候变化而成功扩散，也不仅仅涉及成虫的适应能力。甲虫的其他生命阶段（卵、幼虫和蛹）及其季节性发育模式，可能受到温度以外的环境因素的限制，包括它们偏好的植物和动物食物的供应等。自然生境的碎片化和由此产生的地理屏障，以及生活史的灵活性，将决定哪些物种能生存和繁衍，哪些物种将遭受灭顶之灾。

<< 树皮小蠹的爆发已经在北美洲和欧洲杀死了数百万英亩的针叶树，这严重影响了森林生态系统。研究表明，夏季和冬季气温升高是树皮小蠹爆发的主要驱动因素。如果冬天不够冷，无法杀死足够数量的树皮小蠹以控制它们的数量，这个问题只会继续恶化

∨ 森林步甲（*Carabus nemoralis*）是中欧和北欧的常见物种。它已经被引入北美洲，且种群正在扩散。博物馆标本和实验室培育的这种甲虫的体形缩小，与气候变化和温度升高有关

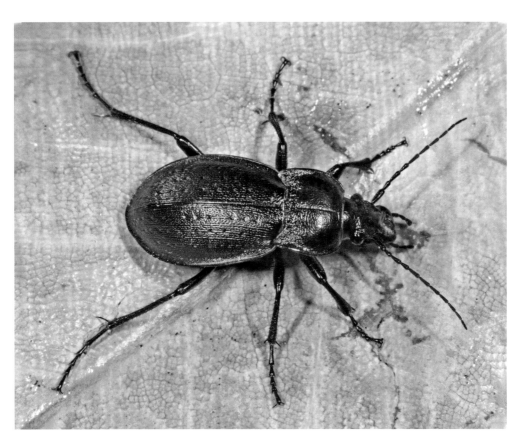

商业开发

对于体形更大、更艳丽的甲虫，稀有度或稀缺感增加了它们的商业价值，并为非法活动创造了环境。为了满足业余爱好者的需求而过度采集稀有物种的可能性真实存在，而许多国家保护本土或罕见甲虫及其栖息地的立法并不完善。

大多数甲虫的生命周期较长，这使得人工饲养变得困难，许多受欢迎的物种仍然在野外采集。从树木中提取活体甲虫会破坏环境；因放生人工饲养的个体而引起的杂交，会导致区域性和其他遗传特征丧失；因偶然或有意与引入的类群发生杂交，也会导致丧失遗传完整性。而当引入的外来甲虫感染了对本土物种有害的病原体和寄生虫，这些问题会变得更加复杂。

<< 隐士甲虫（Osmoderma eremita）的幼虫因与古代栎树和其他阔叶树的树洞为伴而闻名。在欧洲大多数国家，这种腐木甲虫受到《欧洲栖息地指令》的保护。它是一种有用的伞护种，可以保护包含古老落叶树在内的天然林遗迹

>> 甲虫和甲虫采集在日本非常流行。在冲绳的山原国立公园（Yanbaru National Park），宠物贸易中很流行的两个物种——佳彩臂金龟甲（Cheirotonus jambar）和冲绳新锹甲（Neolucanus okinawanus）被禁止采集

甲虫之于日本

日本人对甲虫非常迷恋，甲虫爱好者在 21 世纪每年进口 30 万至 1500 万只犀金龟和锹甲，而这些惊人的数字仍可能是被低估了。这些甲虫大多是从印度、菲律宾和中国进口，也有少量来自澳大利亚和美洲。日本宽松的野生动物保护法（部分原因是甲虫爱好者施加的压力），加上世界各地的收藏家愿意违反本国法律出口甲虫以牟利，助长了大型艳丽甲虫的非法贸易。锹甲在这个市场占据了很大一部分，由于它们的寿命更长，人工饲养的时间可长达 5 年，因此价格更高。日本的宠物店拥有 700 多种从世界各地进口的物种，是地球上锹甲种类最多的地方。

甲虫的保护

保护工作通常涉及为大型、有魅力的脊椎动物、植物及其群落保留出大片土地。昆虫的保护通常限于体形更大、更有魅力的物种，尤其是蝴蝶和甲虫。

作为植食者、捕食者和回收者的甲虫，对许多陆地生态系统的可持续发展有着至关重要的作用。而且它们还能作为生物指示剂，因此很有必要把保护甲虫及其栖息地作为更广泛保护整体生物多样性的措施中的一部分。

将甲虫正式定为珍稀、受威胁或濒危的生物，能使其转变为旗舰种，这会提高公众对其困境的认识，并鼓励财政支持保护其栖息地。保护某个物种及其栖息地的措施，也会对其邻近物种起到保护作用，这一现象被称为伞护效应。

<< 高山丽天牛（*Rosalia alpina*）在其分布地已经变得罕见，部分原因是由于中高海拔地区的原始森林消失了。作为欧洲无脊椎动物保护的象征，该物种已多次出现在邮票上（下图）

>> 欧洲锹甲的种群数量在北欧和中欧地区呈下降趋势，已被世界自然保护联盟评估为近危物种

灭绝风险

世界自然保护联盟追踪包括甲虫在内的动植物物种，并根据其灭绝风险将物种评估为不同的濒危等级[1]。迄今为止已评估了 1781 种甲虫，约占世界预估 40 万种甲虫的 0.44525%。

世界自然保护联盟评估的甲虫物种数量

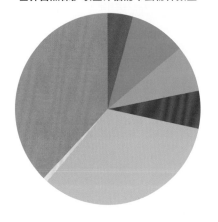

81	极危	590	无危
174	濒危	16	灭绝
140	近危	670	缺乏数据
110	易危		

预估甲虫物种总数

400 000 种 　预估甲虫物种总数

1781 种 　世界自然保护联盟评估的甲虫种数

1 作者根据最初的7个濒危等级绘制了这个图表。

尽管甲虫是所有昆虫中最引人注目、最具魅力的类群之一，但由于人们对其生物学、生态学和分布等缺乏整体的了解，阻碍了识别和保护物种的工作。因此，只有少量物种被认为需要保护，并得到了法律保护。

1964 年，世界自然保护联盟制定了《濒危物种红色名录》（简称"红色名录"），以提供全球生物灭绝风险的全面信息。目前，评估的物种被分为 9 个等级，包括灭绝、野外灭绝、极危、濒危、易危、近危、无危、数据缺乏、未予评估。截至本文撰写之时，世界自然保护联盟已评估了超过 138 000 种动物、植物和真菌，其中有 1781 种甲虫。在评估的甲虫中，有 16 种被认为已经灭绝，有 81 种处于极危状态，大多数甲虫被归为无危或缺乏数据。

受收藏家喜爱的知名物种最有可能受到保护，因为对它们的保护需求能得到充分的评估。有限的分布范围、生态偏好、行为特征以及人类活动和其他潜在的危害因素的各种特定属性，都为保护生物学家提供了一系列特殊的挑战和机会，以保护这些备受关注的甲虫。

物种名录调查

制作特定地区或生境的甲虫物种的详尽名录，为土地管理者和保护生物学家提供了重要信息。如果是在一整年的时间里用各种抽样方法，在较长的时间内制定出这些名录，那么这样的名录则尤为有用。

生物多样性普查是在森林、公园以及其他缺乏此类信息的自然区域中收集甲虫数据的流行且便捷的方式。由于持续时间短，这些为期一天的密集的调查结果会受到季节、月相、当地天气条件和采样人员的影响。尽管只提供了甲虫多样性的简要说明，但生物多样性普查和类似的快速调查可以生成有用的物种名录，进而支持管理和保护自然资源的工作。这些活动也为学生和博物学家提供了在现场和实验室与专业生物学家合作的机会。

长期的物种名录调查对甲虫的保护至关重要。例如，美国国家科学基金会的国家生态观测网（简称 NEON）正在收集美国 20 个生态领域的数据。利用步甲作为无脊椎动物的指标，NEON 开发了标准化的收集方法，以评估其种群水平随时间的变化。凭证标本和条形码数据被保存在位于图森的亚利桑那州立大学的 NEON 生物储存库中。

美洲覆葬甲

许多国家都制定了本国的红色名录或濒危物种名录，并拟定了保护甲虫和其他野生动物的法律。这些法律要求特定机构保护和恢复物种生境，对受保物种所在的地区采取限制开发，并管制或禁止商业开采。在美国，美国鱼类和野生动物管理局拟定了一些协议，并实施了一些项目，其中涵盖濒危物种的迁地保护项目，包括最近被列入名单的美洲覆葬甲（*Nicrophorus americanus*）。这种曾经广泛分布的物种，如今在其近 90% 的历史分布范围内都已经消失了。

˅ 与美国鱼类和野生动物管理局合作，俄亥俄州的辛辛那提动物园（Cincinnati Zoo）、罗得岛（Rhode Island）的罗杰·威廉斯公园动物园（Roger Williams Park Zoo）、密苏里州的圣路易斯动物园（St. Louis Zoo）和俄克拉何马州的塔尔萨动物园（Tulsa Zoo）共同参与了一项迁地培育计划，通过人工饲养美洲覆葬甲以提升其数量，并将其放归野外

保护工具：收集和收藏

媒体上关于全球昆虫末日的报道，凸显了对昆虫进行更多研究的必要性。研究甲虫的多样性、丰度、分布范围、发生率和其他衡量指标的最大挑战就是缺乏基线数据。采集甲虫不仅有助于建立甲虫科学研究和保护的基础，也有助于将人类与自然联系起来，为未来的昆虫学家和其他生物学家的职业生涯点燃火花。

与大多数易于辨认的蝴蝶、大型飞蛾、蜻蜓和豆娘不同，大多数甲虫必须在我们手边，看到实物才能进行准确的识别。将这些甲虫作为凭证标本保存在公共机构内，可以为未来的研究人员提供可验证的永久记录。与凭证标本相关的标签信息有助于我们了解它们的栖息地偏好、活动时间和分布范围。

传统意义上，甲虫的收集主要用于鉴定以及研究其演化关系。今天，这些相同的标本已经成为追踪种群和生境随时间变化的有用工具。利用先进的技术，科学家把凭证标本当作"生物滤纸"，分析污染物和其他化合物，从而揭示过去和现在的环境状况变化。

精心准备的甲虫藏品提供了将其特征与时间和地理联系起来的独特信息，自然保护主义者正是依靠这些信息来确定种群随时间的变化趋势、物种濒危程度以及气候变化的潜在影响。正如图书馆需要不断引进新书、增加读者对藏品的可及性，从而保持机构的意义和活力一样，自然历史收藏也要不断增加馆藏，并向世界各地的研究人员提供标本。从稀有物种和常见物种中收集分析的标本数据，将更好地为科学家、土地管理者和政策制定者提供信息，帮助他们制定和实施更好的土地利用办法，以应对栖息地缩小和气候变化带来的挑战。

考虑到当今世界面临的所有风险，收集、研究和保护甲虫的必要性前所未有的重要。

➤➤ 甲虫藏品能帮助我们理解其演化、种群动态和气候变化。史密森学会（Smithsonian Institution）的国家自然历史博物馆研究员、世界步甲专家特里·欧文（Terry Erwin，1940—2020年）利用其甲虫藏品帮助我们彻底改变了对生物多样性和热带森林保护的理解

Nicrophorus americanus

美洲覆葬甲

种群从濒危等级被降级为近危

科	隐翅虫科 Staphylinidae
显著特征	覆葬甲在甲虫中的亲代抚育程度最高
成虫体长	25—35 毫米

美洲覆葬甲的身体大部分呈黑色，触角尖端、头部正面有一个斑块，前胸有一个大的斑块，每瓣鞘翅上还有两条清晰的橙色条纹。该物种零星地分布在美国大平原东部和罗得岛的布洛克岛的草原、森林边缘和灌木丛等几乎没有受到人类活动干扰的地方。

夜行性的美洲覆葬甲成虫会被腐肉吸引，它们在腐肉中进食和产卵，偶尔也会被灯光吸引。它们甚至会寻找重达 300 克的大型鸟类和哺乳动物的尸体，成对合作或单独将腐肉埋起来，除去所有羽毛或毛皮，将腐肉卷成一团。接着，它们用口部和肛门的分泌物处理腐肉，以延缓其腐烂。

雌虫将卵产在尸体附近，几天内就会孵化。幼虫被父母反刍的腐肉喂养，它们生长迅速，很快就能自己觅食。幼虫在大约两周内完成发育，并在附近化蛹。45 至 65 天后，成虫就会羽化。该物种与覆葬甲属其他物种所表现出的亲代抚育行为，在甲虫中是独一无二的。

在北半球已经发现了超过 60 种覆葬甲。北美洲有 15 种，其中美洲覆葬甲因体形大、前胸斑纹多为橙色而易于区分。美洲覆葬甲曾经广布于北美洲东部的大部分地区（包括美国 35 个州和加拿大 3 个省份），而现在仅主要分布在其历史分布范围的西部边缘。1989 年，该物种被美国鱼类和野生动物管理局列为濒危物种。2020 年，由于支持开发基石输油管线（Keystone XL，现已废弃）的各方提交了一份请愿书，因为该输油管线会横跨南达科他州和内布拉斯加州中美洲覆葬甲的一些栖息地，自此，美洲覆葬甲被降级为近危物种。

➤➤ 美洲覆葬甲是北美洲最大的覆葬甲。辛辛那提动物园的人工饲养繁殖个体正在实施野放，以增加其中一些种群。与现有的科学证据相反，这种甲虫在2020年被美国鱼类和野生动物管理局降级为近危物种。但其在世界自然保护联盟的红色名录中仍处于极危状态

Colophon primosi
普氏尖颚锹甲
因人类采集、栖息地破坏和气候变化而受到威胁

科	锹甲科 Lucanidae
显著特征	尖颚锹甲属物种栖息在非洲南端的高海拔生境
成虫体长	22—35 毫米

普氏尖颚锹甲的身体呈椭圆的凸面形，体色暗黑，上颚和足（除跗节外）为红棕色至橙色；雌虫体形小，上颚是黑色的；雄虫有细长的喙状上颚，笔直的前胫节均匀扩大，有 4 个锋利的侧齿突。该物种仅发现于南非西开普省的斯瓦特山脉（Swartberg）中部。

人们对尖颚锹甲属（*Colophon*）所有物种的生物学特性都知之甚少，但它们的分布区显然都局限于高海拔的高山硬叶灌木生境，这些生境在夏季的早晨和晚上都会有雾。昼行性的成虫从 11 月到翌年 1 月都很活跃，通常可以在石头下方发现它们。尖颚锹甲的尸体碎片比完整的或活的甲虫更容易被发现。尽管大多数锹甲的幼虫都以腐木为食，但在实验室里，尖颚锹甲的幼虫以富含腐殖质的土壤为食。

尖颚锹甲属由 21 个不会飞的物种组成，仅出现于南非西开普省弗洛勒尔角（Cape Floristic Region）的高海拔地区。弗洛勒尔角以其丰富的花卉多样性和生物高度特有性而闻名。斯瓦特山脉也是另外 6 种尖颚锹甲——贝氏尖颚锹甲（*C. berrisfordi*）、凯森尖颚锹甲（*C. cassoni*）、恩德勒迪尖颚锹甲（*C. endroedyi*）、山尖颚锹甲

（*C. montisatris*）、涅氏尖颚锹甲（*C. neli*）、怀氏尖颚锹甲（*C. whitei*）的家园，但普氏尖颚锹甲的雄虫很容易通过其独特的上颚与该属的其他物种区分开来。南非动物学家凯佩尔·巴纳德（Keppel Barnard，1887—1964 年）描述的 9 个尖颚锹甲属物种是以南非高山俱乐部（Mountain Club of South Africa）的成员命名的，为了纪念这些成员帮他采集标本。

尖颚锹甲属的所有物种都可能受到人类滥捕、栖息地破坏和气候变化的威胁。它们在世界自然保护联盟的红色名录中被评估为易危、濒危或极危物种（普氏尖颚锹甲被评估为极危物种），是《濒危野生动植物种国际贸易公约》（CITES）附录Ⅲ收录的非洲唯一的昆虫类群。尖颚锹甲因其稀有性而受到收藏家的高度重视，它们在黑市上的价格很高。

极危的普氏尖颚锹甲是斯瓦特山脉特有的6种尖颚锹甲之一。尖颚锹甲属的所有物种都受胁，并被收录在《濒危野生动植物种国际贸易公约》附录III中

Anoplognathus viridiaeneus
铜绿荆树金龟甲

**这种曾经数量众多的甲虫
现在已经明显减少**

科	金龟科 Scarabaeidae
显著特征	分布于澳大利亚体形最大、最华丽的圣诞甲虫
成虫体长	28—34 毫米

　　铜绿荆树金龟甲多为红棕色，带有金绿色光泽；其头部部分呈红色，而背面其余部分具金色光泽；腹面是明亮的绿色，足为红棕色，跗节为黑色。该物种主要分布在澳大利亚东部沿海，从昆士兰州中部向南至维多利亚州。

　　铜绿荆树金龟甲的成虫在 11 月至翌年 2 月间活动，通常以桉树叶为食，而地下幼虫则以草根为食。它们体形大且粗壮，颜色很喜庆，有明显的群居性，荆树金龟甲属（*Anoplognathus*）甲虫又被称为"圣诞甲虫"，因为它们在圣诞节前后达到活动高峰。

　　澳大拉西亚的荆树金龟甲属甲虫包含 38 个物种，其中有 37 种都是澳大利亚特有种。铜绿荆树金龟甲的特点是体形大，有均匀的绿色光泽，发亮的臀板顶端有刚毛簇。大多数物种仅以其学名为人所知，但至少有 11 个物种（都栖息在新南威尔士州）拥有俗名，包括："尾巴毛茸茸的王子"（棕荆树金龟甲，*A. brunnipennis*）、"绿宝石尖甲虫"（金棕荆树金龟甲，*A. chloropyrus*）、"篝火甲虫"（同色荆树金龟甲，*A. concolor*）、"紫色君王"（多毛荆树金龟甲，*A. hirsutus*）、"鸭嘴甲虫"（山荆树金龟甲，*A. montanus*）、"腰果甲虫"（淡胸荆树金龟甲，*A. pallidicollis*）、"洗衣妇"（紫腿荆树金龟甲，*A. porosus*）、"史密斯奶奶甲虫"（绿荆树金龟甲，*A. prasinus*）、"铜冠甲虫"（皱荆树金龟甲，*A. rugosus*）、"毛斑甲虫"（绒毛荆树金龟甲，*A. velutinus*）和"女王甲虫"（金绿荆树金龟甲，*A. viriditarsis*）。

　　铜绿荆树金龟甲的成虫曾经在灯光下和夏季烧烤周围非常常见，当剥开桉树叶子发现它们时，偶尔会将其误认为害虫。如今，坊间证据表明，在布里斯班和悉尼等大都市地区，荆树金龟甲属很多甲虫的种群正在减少，这很可能是由于栖息地的丧失。城市和郊区的发展不仅导致成虫最喜爱的食物——桉树消失，还导致了支撑其幼虫生长的原生草原的消失。然而，由于缺乏长期的监测数据，无法排除这种减少是否为某些地区种群的自然波动。

曾经被认为很常见的铜绿荆树金龟甲，如今在城市和郊区似乎变得稀少，这可能是栖息地丧失导致的

Dynastes grantii
大犀金龟
可能受到白蜡窄吉丁的威胁

科	金龟科 Scarabaeidae
显著特征	北美洲最大、最有特色的甲虫之一
成虫体长	37—80 毫米

　　大犀金龟的雄虫和雌虫的体色都是黑色，前胸背板和鞘翅带有灰色，或者有时是淡黄橄榄色；鞘翅上有适量的大小不规则的斑点，或者无斑；雄虫在头部和前胸背板上有不同长度的向前突出的角，雌虫则没有。该物种分布于美国犹他州西南部、亚利桑那州和新墨西哥州西部，以及墨西哥北部的山区。

　　这种夜行性甲虫的成虫在夏季和初秋时出现于松属、栎属、梣属和悬铃木属植物的混交林中，经常会被灯光吸引。白天，求偶的雄虫会剥开树皮，啃食并进入活梣树的形成层来吸引雌虫，给树木留下会持续数年的明显瘢痕。雌虫是被雄虫产生的气味吸引，还是被梣树伤口产生的挥发物质吸引，抑或是被两者结合所吸引，我们尚不得知。雌虫将卵产在腐烂的悬铃木和其他阔叶树中。卵孵化后，幼虫需要 4 个月时间完成发育[1]，蛹期约 50 天。

　　犀金龟属（*Dynastes*）有 15 个物种（其中包括一些有效性存疑的物种），分布于南美洲北部至美国，以及加勒比海的一些岛屿。美国只分布有两个物种：大犀金龟和美东白犀金龟。大犀金龟分布于美国西南部，前胸腹突完全被长刚毛覆盖，前胸背板和鞘翅的底色通常为灰色，这些是区分这两种犀金龟的特征。

　　大犀金龟和美东白犀金龟的成虫都依赖梣树来吸引和定位配偶，如今这两个物种都被认为有高度濒危的风险，这是由入侵的白蜡窄吉丁造成的环境破坏所直接影响的。虽然白蜡窄吉丁目前在美国西部的分布还不为人所知，但它们在东部广泛存在，并已经杀死数千万棵梣树。

　　➤➤　大犀金龟依靠梣树吸引配偶。当白蜡窄吉丁被引入美国西南部时，大犀金龟的种群可能面临危险的境地

1　有饲养者提出该种的幼虫期可长达2年。

Agrilus planipennis
白蜡窄吉丁
毁坏梣树并对依赖梣树的甲虫造成威胁

科	吉丁虫科 Buprestidae
显著特征	世界上对梣树最具破坏性的害虫之一
成虫体长	8—14 毫米

白蜡窄吉丁身体细长、体表无毛，体色呈明亮的金属绿色，偶尔带有蓝色或紫色。该物种原产于俄罗斯远东地区和东亚大部分地区，无意中被引入北美洲东部、俄罗斯的欧洲部分和乌克兰，甚至可能会蔓延到西欧和南欧。

雌虫一生中能产下多达 150 枚卵，并将卵单独产在梣属树木的裂纹和缝隙中，或是树皮的外层之间。幼虫在形成层中啃食出 S 形虫道，并以韧皮部为食。韧皮部是一层薄薄的组织，负责为整棵树输送营养。化蛹的蛹室位于边材或外皮中。新羽化的成虫会啃食出 D 形的出口，它们是强壮的飞行者，整天在树冠层吃树叶。

窄吉丁属（*Agrilus*）有 3000 多个物种，是世界上最大的动物属之一。与白蜡窄吉丁亲缘关系最近的物种包括东南亚的 *A. crepuscularis* 和 *A. tomentipennis*。白蜡窄吉丁与这两个物种的区别在于其身上没有刚毛，并且存在一个臀板刺突。在北美洲和欧洲，白蜡窄吉丁因体形大、体色为明亮的金属绿色而区别于其他窄吉丁。

在原产地，白蜡窄吉丁相对少见，并不被认为是一种危害较大的害虫。2002 年，北美洲东部（美国密歇根州的底特律、加拿大安大略省的温莎）和欧洲（俄罗斯的莫斯科）首次发现白蜡窄吉丁的存在，但它们很可能早在几年前就混在东亚进口的木质包装材料中被引入这些地区了。这些幼虫既能杀死健康的树木，也能杀死生病的树木，对北美洲和欧洲的所有原生梣属物种造成威胁，进而威胁到其他依赖这些树木的昆虫。针对白蜡窄吉丁的生物防治计划正在进行：从中国引进的几种寄生蜂可以攻击吉丁虫的卵和幼虫。

跟梣树说再见

白蜡窄吉丁的幼虫在取食树木韧皮部时，会在树皮下的形成层中啃食出长长的蜿蜒虫道。虫道后面堆满了它们取食后留下的细细的、锯末状的蛀屑。幼虫的取食和挖掘活动破坏了树木养分和水分的运输，最终导致树木死亡。

白蜡窄吉丁体形大，呈明亮的金属绿色，在北美洲其他窄吉丁中很有特色。作为种类最多的动物属之一，窄吉丁属在全球拥有3000多个物种

Polposipus herculeanus
弗雷格特岛拟步甲
被世界自然保护联盟评估为易危物种

科	拟步甲科 Tenebrionidae
显著特征	只发现于塞舌尔的弗雷格特岛
成虫体长	20—30 毫米

弗雷格特岛拟步甲的成虫体形大、不会飞，体色呈浅灰色至深棕色，鞘翅宽而圆，上面覆盖着一排排圆形光滑的瘤状突起。该物种分布于弗雷格特岛（Frégate Island），那是印度洋塞舌尔群岛中最靠东、最孤立的岛屿。该物种的标本原本被认为是在毛里求斯朗德岛（Round Island）上采集的，很可能是被贴错了标签。

弗雷格特岛早已因人类活动而发生了巨大的变化，所以岛上的原始植被是什么样子已不得而知。岛上的大部分天然林地已被椰子、肉桂和腰果的种植园取代。弗雷格特岛拟步甲的成虫是夜行性的，白天经常躲在树干的裂缝和树洞里，或者紧密地聚集在横向树枝的下侧，特别是榄仁、腰果和杧果的树枝下侧。它们也会躲在这些树下的落叶堆中。当受到惊扰时，它们会产生一种化学物质，能够将皮肤染成紫褐色，并带有麝香味。标志重捕法研究表明，该物种的扩散能力很弱。成虫摄食水果、真菌和树叶，寿命可达 7 年或更长。在人工饲养条件下，幼虫会吃几种腐烂的木材。

Polposipus 属只有弗雷格特岛拟步甲一个物种，被分类在窄甲亚科（Stenochiinae）的轴甲族（Cnodalonini）中。

弗雷格特岛拟步甲是世界上最著名、最濒危的拟步甲之一，被世界自然保护联盟列为易危物种。1995 年，褐家鼠（*Rattus norvegicus*）意外来到弗雷格特岛，对弗雷格特岛拟步甲和岛上其他本土野生动物构成了潜在的捕食威胁。在塞舌尔政府和弗雷格特岛私人度假区（Frégate Island Private）的支持下，伦敦动物学会的无脊椎动物保护协会于 1996 年捕获了 47 只弗雷格特岛拟步甲，以设立人工饲养和繁殖甲虫的饲养方案，这标志着一项非常成功的迁地保护计划的开始。

一群甲虫

在白天，弗雷格特岛拟步甲成虫可能会成群聚集在横向树枝的下侧，特别是榄仁树、腰果树和杧果树。其他甲虫则更喜欢在这些树下堆积的落叶中隐藏自己。

弗雷格特岛拟步甲可能受到褐家鼠的
捕食威胁，该物种已被世界自然保护
联盟列为易危物种

Xixuthrus ganglbaueri

斐济天牛

仅出没于斐济最大的岛屿

科	天牛科 Cerambycidae
显著特征	斐济最大和最罕见的天牛之一
成虫体长	90 毫米以上

斐济天牛身体细长，体形非常大，背部呈灰色，鞘翅上有闪亮的条纹。该物种只在斐济共和国面积最大、人口最多的岛屿——维提岛（Viti Levu）上出现。

事实上，人们对斐济天牛及该属其他两种斐济特有种的自然历史一无所知。斐济天牛的成虫全年都会出现，通常出现在邻近原生森林的灯光下，大多数记录发生在 5 月至 9 月。引入的杧果树和雨树曾被记录为可能的幼虫宿主。最近的调查显示，在本土受危的阔叶树——香灰莉树的活树和死木中，发现了平均直径为 5 厘米的巨型幼虫虫道。

Xixuthrus 属被归入锯天牛亚科（Prioninae）的密齿天牛族（Macrotomini）。该属由 13 个物种组成，主要分布于太平洋岛屿，其中有 3 种很少采集到的斐济特有种——斐济天牛、英雄锯天牛（*X. heros*）和金色锯天牛（*X. terribilis*）。其中最罕见的是斐济天牛，它有时会与斐济另一种具有闪亮鞘翅条纹的英雄锯天牛混淆。然而，它的特点在于触角表面有明显的浅凸，而不是多刺的针状结构。英雄锯天牛有时体长可达 15 厘米，被许多人认为是世界上第二大甲虫，昆虫收藏者的出价也很高。

由于生境的改变、甲虫的稀有性和分布的局限性，以及昆虫收藏者的高需求，*Xixuthrus* 属的所有物种可能都面临着生存威胁。当地居民取食幼虫的行为似乎是机会性的，不太可能影响种群数量。由于缺乏自然历史信息，再加上地形崎岖、人迹罕至，人们很难研究这些甲虫的系统分类及其保护需求。充分了解其生态需求，尤其是宿主植物信息，对于制定和实施适当的保护措施至关重要。

>> 斐济天牛是该属中最稀有的物种。*Xixuthrus* 属的物种可能都需要保护，但人们对这些甲虫知之甚少，崎岖的生境也使人们难以进行研究。只有当人们更多地了解其幼虫的食物偏好和其他生态必需品时，才能评估其保护需求

Rosalia alpina
高山丽天牛
欧洲无脊椎动物保护的象征

科	天牛科 Cerambycidae
显著特征	世界上最广为人知的天牛之一
成虫体长	20—40 毫米

　　高山丽天牛的身体是黑色的，表面覆盖着浓密的浅蓝色、蓝灰色和深蓝色的刚毛；长长的触角上有环状的黑色簇毛；前胸背板在前缘附近有一个随个体变化的黑点，而鞘翅基部、中部和端部附近有明显的黑色斑纹，不过这些斑纹有时会部分或完全缺失。该物种分布于欧洲中部和南部，西至比利牛斯山脉。

　　尽管高山丽天牛通常被认为是与欧洲水青冈有关的山地物种，但它也出现在低地生境，其幼虫生活在各种阔叶树里，包括栎属、榆属和槭属植物。雌虫在开放生境中暴露于阳光下的成熟、死亡或垂死树木的裂纹和缝隙中产卵。幼虫至少需要 3 年才能完成发育，春季化蛹，夏季羽化。成虫在 7 月和 8 月初活跃。鞘翅上的花纹和刚毛能使它们快速达到最佳体温，同时释放多余的热量防止过热。

　　丽天牛属（*Rosalia*）下大约有 20 个物种分布在北半球。在这些物种中，高山丽天牛是唯一分布在欧洲西部的蓝色物种。该物种最初的科学描述是基于约翰·卡斯帕·舒克尔（Johann Caspar Scheuchzer）于 1703 年在瑞士阿尔卑斯山采集的一枚标本。

　　丽天牛属物种被世界自然保护联盟列为濒危物种，并受到严格保护。虽然在欧洲广泛分布，但由于中高海拔地区原始森林的消失，以及剩余森林中的枯木被人类移除另作他用，丽天牛在当地变得罕见。这种伞护种是欧洲无脊椎动物保护的象征，其保护地位也延伸到了同样生活在原始水青冈林中的其他生物。

蜕变

丽天牛属的甲虫幼虫在欧洲水青冈和其他阔叶树中发育，它们至少需要 3 年才能完成发育，并在春季化蛹。在蛹期，成虫的特征才首次显现出来（如图所示）。

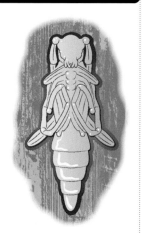

虽然高山丽天牛在欧洲广泛分布，但由于其偏爱的原始森林生境在中高海拔地区消失，该物种在当地已变得罕见

Curculio caryatrypes
大栗象甲
这个物种随着美国栗的灭绝而灭绝

科	象甲科 Curculionidae
显著特征	这种象甲及其宿主植物的灭绝是共同灭绝的一个例子
成虫体长	6.5—16 毫米

　　大栗象甲的身体呈深红棕色，附肢为浅棕色，身上覆盖着金黄色至灰色的鳞片，呈现出斑驳的外观；其细长、弯曲的喙在头部变得很大，且不是突然嵌入头部；雌虫的喙长度几乎与身体一样长；两性的触角都很长，第二鞭节长于第一鞭节，雄虫的触角沿着喙在喙的中部出现，雌虫的触角更靠近头部。这种象甲曾分布于美国东部阿巴拉契亚山脉（Appalachian Mountains，见地图），现已灭绝。

　　8 月和 9 月，当栗子的毛刺开始裂开时，大栗象甲的成虫便出现了。雌虫会在栗子的毛刺上咬一个小洞，并把卵产在小洞里。几天后，卵就会孵化。幼虫在坚果内部取食，然后落入土壤中化蛹、越冬并羽化。它们每年生产一代。

　　象甲属（*Curculio*）包含近 350 个物种，它们以水青冈、桦树和核桃树及其亲缘树木的种子和果壳为食。大栗象甲以其独特的触角作为区分特征。较小的栗小象甲（*C. sayi*）以本地栗树和进口的中国栗树的坚果为食。

　　1904 年，一种被称为栗疫病菌的真菌病原体被引入纽约市。这种病原体在短短几十年间迅速蔓延到美国整个东部，几乎杀死了每一棵美国栗。从幸存的根中发芽的新芽，在达到生殖成熟之前就会受到栗疫病的影响。这种重要树木的突然消失，导致几种依赖特定宿主的昆虫共同灭绝，包括两种飞蛾以及大栗象甲。自 20 世纪 50 年代以来，除了 1987 年人们从一棵现已枯死的栗树上产出的栗子中养育出两只大栗象甲，就再也没有发现这种象甲的其他个体。

两种象甲的较小者

大栗象甲只以美国栗为食。雌虫将卵产于其在栗子多刺的果实上咬出的小孔中。幼虫在毛刺里的坚果中摄食并发育。由于无法适应环境，这个物种与美国栗一起灭绝。然而，栗小象甲能够适应换一种食物：从本土栗树的果实转变为中国栗树的果实。

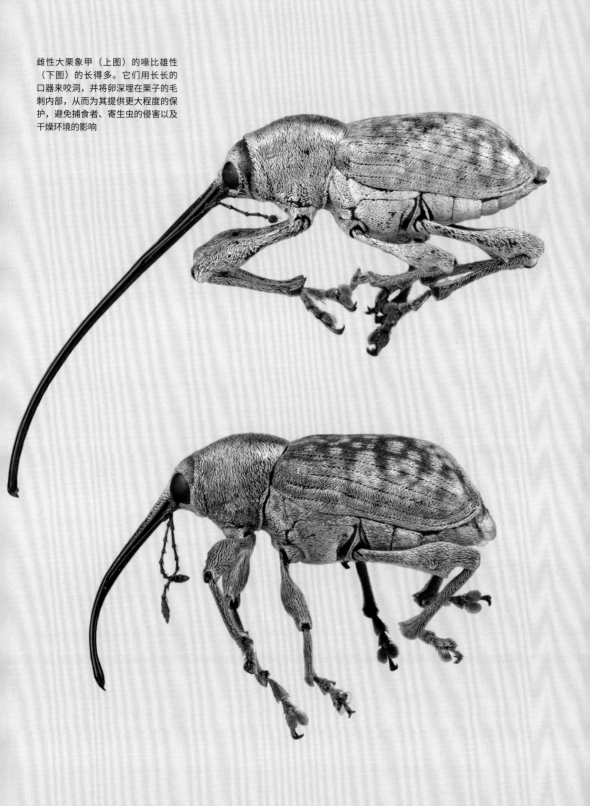

雌性大栗象甲（上图）的喙比雄性（下图）的长得多。它们用长长的口器来咬洞，并将卵深埋在栗子的毛刺内部，从而为其提供更大程度的保护，避免捕食者、寄生虫的侵害以及干燥环境的影响

GLOSSARY
术语表

- **凹陷** 中空，就像球体的内部。
- **澳大利亚界** 六大生物地理区域之一，包括澳大利亚、新西兰、新几内亚和华莱士线以东的邻近岛屿。
- **背板** 甲虫腹部的背面骨片；有时被称为背片。
- **背侧** 对应上侧或顶部。
- **背片** 甲虫腹部的背面骨片，有时被称为背板。
- **被蛹** 足和翅节紧贴在身体上、腹部不能动的蛹。
- **鞭节** 在柄节和梗节之外的触角节段，没有自身的肌肉组织，不是真正的体节。
- **柄节** 触角的第一节，然后是梗节。
- **蛞型幼虫** 一种身体细长、足长且非常活跃的甲虫幼虫。
- **病原体** 致病的生物。
- **捕食动物的** 适于捕捉猎物，如豉甲的前肢。
- **捕食者** 以狩猎和捕食其他动物为生。
- **侧板** 胸节和腹节的侧骨板。
- **侧背片** 背板的侧向凸缘。
- **侧单眼** 幼虫的单眼。
- **产卵器** 雌虫的腹部结构，用于产卵。
- **齿夹** 一些甲虫蛹的可对抗的腹片上的防御性夹持器官。
- **齿状爪** 腹侧刃有一个或多个齿的爪。
- **触角** 甲虫头部一对连接在口上方或后面的感官附肢。
- **触角节** 触角的节，包括柄节、梗节和鞭节。
- **唇基** 通常覆盖在甲虫口器上的骨片。
- **唇须** 与下颚或下唇连接的指状口部附肢。
- **单眼** 一些成年甲虫的单眼。
- **顶端** 在顶端处或朝向顶端。
- **东洋界** 华莱士线以西的生物地理区域的六大界之一，包括印度、中国南部、东南亚和印度尼西亚。

- **反射性出血** 血淋巴通过足关节和体节之间的节间膜的防御性释放。
- **防水层** 水生甲虫外骨骼表面的密集的防水刚毛。
- **缝** 分隔体节和骨片的窄沟，有时由几丁质膜组成。
- **跗分节** 跗节的一部分。
- **跗节** 在甲虫中，足的倒数第二节，附着在胫节顶端，具有前跗节，由5个跗分节组成。
- **跗节式** 前、中、后足跗节数量的简写，如5-5-5、5-5-4、4-4-4等。
- **腐木生** 栖息在枯木或朽木中。
- **腐肉** 腐烂的动物尸体。
- **腐生** 栖息在粪便、腐肉或腐烂的植物中。
- **附肢** 昆虫的口器、触角和足。
- **复变态** 全变态的一种类型，幼虫阶段的形态差异很大，通常见于寄生性甲虫（穴甲科、芫菁科、羽角甲科和大花蚤科）。
- **复眼** 由多个面或晶状体组成的主要视觉器官。
- **腹板** 胸部或腹部的下侧。
- **腹部** 甲虫身体的最后一个主要区域，通常部分或全部被鞘翅覆盖。
- **腹面** 位于下面或底部。
- **腹片** 腹板的一部分。
- **刚毛** 由单个细胞产生的硬化的毛发状结构。
- **刚毛的** 覆盖着刚毛。
- **刚羽化的成虫** 刚羽化的浅色的、身体柔软的成虫。
- **梗节** 第二触角节，位于柄节和鞭节之间。
- **共生** 指与另一个物种生活在一起的不同物种，但并不意味着这种关系是天然的。
- **孤雌生殖** 未受精的卵的发育。
- **古北界** 六大生物地理区域之一，包括亚欧大陆、北非和阿拉伯半岛温带地区。

股节　身体的第三个足部体节，位于转节和胫节之间。

骨刺　在甲虫中，位于足部体节（尤其是胫节）顶端的可移动的或嵌入的刺。

骨片　由缝或膜包围的小的外骨骼片。

棍棒状　向顶端逐渐变宽。

海蛆形幼虫　一种幼虫，形状像潮虫（甲壳亚门，等足目，潮虫科）。

虹彩结构色　闪烁的金属色，随光线的角度而变化。

后胸　第三个胸部体节，长有第三对足和后翅（如果存在）。

后胸腹板　后胸部的腹面或下侧。

弧形　拱形或圆顶状结构的边缘。

环纹　具有环状或环形的斑纹。

喙　在甲虫中，红萤科、绒皮甲科（Mycteridae）和象甲科的一些物种中口器的鼻状突起。

基部　靠近结构的底部。

基节　足的基部。

寄生生物　依赖另一个生物或宿主生存的生物；通常不会杀死宿主。

假死　作为一种防御策略的装死，使捕食者失去兴趣。

间隔　鞘翅上条纹之间的空间。

肩角　鞘翅基部的外侧肩状角。

茧　一些甲虫幼虫化蛹时的丝壳。

节腹面　可见的腹部腹片；甲虫的第一个节腹面通常是第二个腹片。

截断　顶部呈切割状或方形的结构或边缘。

警戒色　具有独特的体色，通常色彩对比鲜明，可作为防御手段，警告捕食者自己不好吃或有害。

胫节　足的第四体节，位于股节和跗节之间。

具翅胸节　融合的长着翅的中胸节和后胸节，被鞘翅覆盖。

锯齿状触角　呈锯齿状的扁平三角形触角。

菌食性　以真菌为食。

科　动物分类学的一个等级，学名以"-idea"结尾。

颏　位于口和外咽片之间的腹面的头部骨片。

可翻转　能够向外或向内翻转。

可缩回的　能够缩成一节，或缩进腹面凹陷或凹槽。

叩甲型幼虫　一种细长的幼虫，外骨骼坚硬，足短，刚毛很少。

昆虫病原体　一种感染昆虫的致病剂。

棱　龙骨状或脊状结构。

离蛹　一种足和翅与身体分离开的蛹，腹部可以活动。

粒状表面　一种具有小颗粒或微粒的粗糙表面。

裂爪　一种顶端细微分裂或呈窄分叉的爪。

鳞片　一种扁平的刚毛，轮廓从近圆形到椭圆形（卵形）、倒卵形（梨形）、披针形（矛形）或线形（细长）。

瘤突　凸出的小突起或疙瘩。

卵形　形状或轮廓类似卵形或椭圆形。

摩擦发声　用身体的一个表面摩擦另一个表面来发出声音，通常是利用锉状棘或瘤状突起在一个隆凸或一系列隆凸上摩擦。

末端　在顶点或顶端。

木质部　从根部向上运输水和矿物质的维管植物组织。

耐旱　适应水分少或干燥的条件。

内共生微生物　生活在另一种生物体内的生物。

内拟寄生物　一种寄生幼虫，在宿主体内取食并最终杀死宿主。

- **拟寄生物** 通常会杀死宿主的寄生生物。
- **偏利共生生物** 共生关系中的一种有机体。在偏利共生关系中，其中一种有机体受益，另一种既不受益也不受损害。
- **平滑** 光滑的表面，没有刚毛或纹路。
- **平展** 通常指平展的边缘。
- **破蛹** 化蛹而出。
- **蛴螬型幼虫** 头部和足部发达，呈 C 形。
- **气盾** 一层薄薄的空气，被包裹在一些水生甲虫身体周围的浓密刚毛网中。
- **气盾呼吸** 一种由一些水生甲虫使用的呼吸方法，利用气盾从周围的水中获得溶解氧并排出二氧化碳。
- **气门** 气管系统在体外的开口。
- **前跗节** 昆虫足的末端长有爪的体节。
- **前口式** 头部和上颚直接向前，或几乎向前。
- **前胸** 第一胸节，长着第一对足，以及甲虫身体明显的中间部分；位于头部和鞘翅之间。
- **前胸背板** 背面骨片或前胸表面。
- **前胸腹板** 前胸的腹面，主要在前足之间。
- **前胸腹板刺** 前胸腹板的后突，可能与中胸腹板部分重叠。
- **鞘翅** 甲虫的革质或壳状中胸翅，或称为前翅。
- **鞘翅目** 一种全变态昆虫的分类单元，通常被称为甲虫，特征是具有咀嚼口器和被称为鞘翅的革质或壳状前翅。
- **鞘翅中缝** 甲虫背部的接缝，鞘翅闭合时会合的地方。
- **全变态** 发育过程分为四个不同的阶段（卵、幼虫、蛹和成虫），也被称为完全变态发育。
- **热带界** 六大生物地理区域之一，包括撒哈拉沙漠以南的非洲大陆、阿拉伯半岛大部分地区、马达加斯加、伊朗南部、巴基斯坦西南部和西印度洋岛屿。
- **韧皮部** 将糖和其他代谢产物从叶片向下输送的维管植物组织。
- **茸毛** 柔软、细、短、松散及直立的刚毛。
- **蠕虫型幼虫** 无足，很像蠕虫的甲虫幼虫。

- **三爪蚴** 一种由复变态发育的小型蚴型幼虫。
- **扇状触角** 触角呈扇形，有几个触角节，每个触角节都有一个长的延伸。
- **上唇** 类似于"上嘴唇"的昆虫口器，位于唇基之下或延伸到唇基之外，覆盖上颚。
- **上颚** 甲虫用来咬或咀嚼食物的两对颚中的第一对。
- **生物发光** 在萤科、光萤科、叩甲科甲虫体内中，萤光素在萤光素酶的作用下氧化发出的光。
- **食腐动物** 以腐烂的植物、真菌组织以及腐肉为食的生物。
- **食腐木** 以枯木或朽木为食。
- **受精囊** 在昆虫中，储存和滋养精子直至受精和产卵的雌虫器官。
- **双栉形触角** 触角呈梳状，触角节短，有两个延长的扩展部分。
- **特有** 原产于特定区域，在其他地方找不到。注：在动物地理学中，这个词比"地方性的"（经常被误用的流行病学术语）更准确。
- **体节** 身体的细分或附肢的一部分，以关节、接合处或缝来区分。
- **条纹** 沿着身体长轴的斑纹。
- **贴伏** 与身体平行或接触。
- **头部** 昆虫三个身体区域中的第一个，有口器、触角和眼。
- **凸起** 圆面，如同球体的外部。
- **蜕皮** 在甲虫中，为了生长而脱落的幼虫的旧外骨骼。
- **臀板** 甲虫最后一个背面的腹片（背板）。
- **外侧** 指侧面或两侧。
- **外颚叶** 下颚的外叶。
- **外分泌腺** 产生物质并通过导管释放到身体表面的腺体。
- **外骨骼** 甲虫的保护性外层，兼具骨架和皮肤的功能；对内是肌肉和器官系统的基础，对外则是感官和形态结构的平台。
- **外寄生虫** 以宿主为食但很少会杀死宿主的寄生生物。

- **外来生物**　以任何方式从其他地方到达某个地理区域（非本土）的生物。
- **外拟寄生物**　一种寄生幼虫，在外部以宿主为食并最终杀死宿主。
- **微凹**　沿边缘有缺口，有时缺口很大。
- **尾叉**　一对固定的有时有关节的突起，位于一些甲虫幼虫的腹部顶端。
- **无颚蛹**　没有功能性口器的蛹。
- **喜沙性，沙栖性**　喜欢生活在沙地生境的物种。
- **下唇**　类似于"下嘴唇"的昆虫口器，位于下颚的下面或后面。
- **下唇须节**　唇须的一节。
- **下颚**　甲虫的两对颚中的第二对，用于协助取食。
- **下口式**　向下的上颚。
- **小盾片**　鞘翅基部和鞘翅之间的一种通常为三角形的小骨片。
- **小孔**　小的或粗糙的表面凹坑，范围从很小（细点状）到较大（粗点状），可能很浅，也可能很深。
- **新北界**　六大生物地理区域之一，包括北美洲大部分地区、格陵兰岛和墨西哥高地。
- **新热带界**　六大生物地理区域之一，包括加勒比海岛屿和墨西哥南部至南美洲的热带地区。
- **信息素**　由特殊腺体产生的化学物质，释放到环境中能与同一物种的其他成员交流。
- **胸部**　在昆虫中，长有足和翅的身体中部区域，分为三个部分：前胸、中胸和后胸。
- **血淋巴**　昆虫体腔中的一种液体，在脊椎动物中既充当血液又充当淋巴。
- **亚鞘窝**　鞘翅下的空间，水生甲虫用来储存空气并使其与胸部和腹部的气门接触；也对生活在干燥生境中的陆生物种起到调节体温的作用。

- **眼缘**　部分或完全分开复眼的外骨骼突起。
- **夜行性**　夜间活动。
- **蛹**　幼虫和成虫之间的全变态发育阶段。
- **幼虫**　在昆虫中，卵和蛹之间的全变态发育阶段；在甲虫中，有时被称为蛴螬。
- **幼期**　甲虫卵、幼虫和蛹的阶段。
- **幼态化**　一种成年雌性甲虫，没有翅，类似于幼虫，但其特征在于外部有复眼，内部有完全发育的生殖器官。
- **幼体生殖**　在甲虫中，幼虫产生卵或幼虫。
- **预蛹**　蛹期前的最后一个幼虫龄期。
- **圆柱形**　具有圆柱体形状；适用于形容背面和腹面呈凸面的细长的、侧面平行的物种，表明它们在横截面上几乎呈圆形。
- **远端**　附肢或节离身体最远的部分。
- **爪**　通常成对、尖锐的钩状结构，位于跗节顶端，是前跗节的一部分。
- **栉齿状触角**　触角呈梳状，有短触角节，每个触角节都有延长的部分。
- **中胸**　中胸或胸部中段；长有第二对足和鞘翅。
- **中胸腹板**　中胸的腹面或下侧。
- **种**　生物分类的基本单位；能够杂交繁殖的相似个体的群体。
- **种内**　在同一物种内。
- **昼行性**　白天活跃。
- **蝎型幼虫**　毛虫状、有足的甲虫幼虫。
- **贮菌器**　小蠹（象甲科）用来携带共生真菌的外骨骼囊状容器。
- **蛀道真菌**　一种在蛀干昆虫的蛀道内生长的互利共生的真菌，可供一些树皮小蠹和食菌小蠹取食。
- **转节**　足部的第二体节，位于基节和股节之间。

FAMILY CLASSIFICATION OF EXTANT BEETLES
现代甲虫科级分类

以下分类基于卡伊等人（截至 2022 年），根据形态和分子分析推断的鞘翅目所有主要谱系的系统发育和分化时间，在系统发育序列中显示了亚目、系、超科和科的排列。

鞘翅目　Coleoptera

肉食亚目　Adephaga
沼梭科　Haliplidae
豉甲科　Gyrinidae
伪龙虱科　Noteridae
瀑甲科　Meruidae
壁甲科　Aspidytidae
两栖甲科　Amphizoidae
水甲科　Hygrobiidae
龙虱科　Dytiscidae
粗水甲科　Trachypachidae
虎甲科　Cicindelidae
步甲科　Carabidae

原鞘亚目　Archostemata
*长扁甲总科　Cupedoidea
微鞘甲科　Crowsoniellidae
长扁甲科　Cupedidae
复变甲科　Micromalthidae
眼甲科　Ommatidae

藻食亚目　Myxophaga
*单跗甲总科　Lepiceroidea
单跗甲科　Lepiceridae
*球甲总科　Sphaeriusoidea
淘甲科　Torridincolidae
水缨甲科　Hydroscaphidae

球甲科　Sphaeriusidae

多食亚目　Polyphaga
沼甲系　Scirtiformia
*沼甲总科　Scirtoidea
伪花甲科　Decliniidae
沼甲科　Scirtidae
拳甲系　Clambiformia
*拳甲总科　Clamboidea
伪郭公虫科　Derodontidae
拳甲科　Clambidae
扁股花甲科　Eucinetidae
驴甲系　Rhinorhipiformia
*驴甲总科　Rhinorhipoidea
驴甲科　Rhinorhipidae
叩甲系　Elateriformia
*花甲总科　Dascilloidea
花甲科　Dascillidae
羽角甲科　Rhipiceridae
*丸甲总科　Byrrhoidea
丸甲科　Byrrhidae
*吉丁总科　Buprestoidea
伪吉丁科　Schizopodidae
吉丁虫科　Buprestidae
*泥甲总科　Dryopoidea
水獭泥甲科　Lutrochidae
泥甲科　Dryopidae
掣爪泥甲科　Eulichadidae

扇角甲科　Callirhipidae
毛泥甲科　Ptilodactylidae
萤泥甲科　Cneoglossidae
缩头甲科　Chelonariidae
扁泥甲科　Psephenidae
Protelmidae 科
溪泥甲科　Elmidae
泽甲科　Limnichidae
长泥甲科　Heteroceridae
*叩甲总科　Elateroidea
伪长花蚤科　Artematopodidae
角唇萤科　Omethidae
颈萤科　Brachypsectridae
粗角叩甲科　Throscidae
隐唇叩甲科　Eucnemidae
树叩甲科　Cerophytidae
纤口萤科　Jurasaidae
叩甲科　Elateridae
华光叩甲科　Sinopyrophoridae
红萤科　Lycidae
伊比利亚萤科　Iberobaeniidae
光萤科　Phengodidae
雌光萤科　Rhagophthalmidae
萤科　Lampyridae
花萤科　Cantharidae
小丸甲系　Nosodendriformia
*小丸甲总科　Nosodendroidea
小丸甲科　Nosodendridae

隐翅虫系　Staphyliniformia

*闾甲总科　Histeroidea

　长阎甲科　Synteliidae

　扁圆甲科　Sphaeritidae

　牙甲科　Hydrophilidae

　沟背牙甲科　Helophoridae

　盾牙甲科　Epimetopidae

　圆牙甲科　Georissidae

　条脊牙甲科　Hydrochidae

　毛牙甲科　Spercheidae

*金龟总科　Scarabaeoidea

　锹甲科　Lucanidae

　皮金龟科　Trogidae

　漠金龟科　Glaresidae

　毛金龟科　Pleocomidae

　隆金龟科　Bolboceratidae

　爬行金龟科　Diphyllostomatidae

　粪金龟科　Geotrupidae

　黑蜣科　Passalidae

　刺金龟科　Belohinidae

　红金龟科　Ochodaeidae

　绒毛金龟科　Glaphyridae

　驼金龟科　Hybosoridae

　金龟科　Scarabaeidae

*隐翅虫总科　Staphylinoidea

　长腹甲科　Jacobsoniidae

　缨甲科　Ptiliidae

　平唇水龟甲科　Hydraenidae

　觅葬甲科　Agyrtidae

　球蕈甲科　Leiodidae / Colonidae

　隐翅虫科　Staphylinidae

　（包含葬甲科 Silphidae）

长蠹系　Bostrichiformia

*长蠹总科　Bostrichoidea

　皮蠹科　Dermestidae

　长蠹科　Bostrichidae

　蛛甲科　Ptinidae

扁甲系　Cucujiformia

*郭公虫总科　Cleroidea

　Rentoniidae 科

　小花甲科　Byturidae

　毛蕈甲科　Biphyllidae

　澳州花萤科　Acanthocnemidae

　Protopeltidae 科

　Peltidae 科

　Lophocateridae 科

　谷盗科　Trogossitidae

　龟扁甲科　Thymalidae

　长酪甲科　Phycosecidae

　细花萤科　Prionoceridae

　毛花萤科　Mauroniscidae

　Rhadalidae 科

　拟花萤科　Melyridae

　棒拟花萤科　Phloiophilidae

　毛谷盗科　Chaetosomatidae

　蝶角郭公虫科　Thanerocleridae

　郭公虫科　Cleridae

*筒蠹总科　Lymexyloidea

　筒蠹科　Lymexylidae

*拟步甲总科　Tenebrionoidea

　大花蚤科　Ripiphoridae

　花蚤科　Mordellidae

　伪细颈虫科　Aderidae

　拟赤翅甲科　Ischaliidae

　三栉牛科　Trictenotomidae

　拟花蚤科　Scraptiidae

　绒皮甲科　Mycteridae

　拟天牛科　Oedemeridae

　盘胸甲科　Boridae

　树皮甲科　Pythidae

　角甲科　Salpingidae

　赤翅甲科　Pyrochroidae

　蚁形甲科　Anthicidae

　芫菁科　Meloidae

　伪天牛科　Stenotrachelidae

　斑蕈甲科　Tetratomidae

　长朽木甲科　Melandryidae

　齿胫甲科　Synchroidae

　尖颚扁甲科　Prostomidae

　筒蕈甲科　Ciidae

　疣坚甲科　Ulodidae

　古隐甲科　Archeocrypticidae

　斑翅甲科　Pterogeniidae

　小蕈甲科　Mycetophagidae

　拟步甲科　Tenebrionidae

　幽甲科　Zopheridae

　姬朽木甲科　Promecheilidae

　铜甲科　Chalcodryidae

*瓢甲总科　Coccinelloidea

　穴甲科　Bothrideridae

　皮坚甲科　Cerylonidae

　领坚甲科　Murmidiidae

　盘甲科　Discolomatidae

　亮朽甲科　Euxestidae

　筒穴甲科　Teredidae

　粒甲科　Alexiidae

伪薪甲科　Akalyptoischiidae

薪甲科　Latridiidae

窄须伪瓢虫科　Anamorphidae

拟球甲科　Corylophidae

伪瓢虫科　Endomychidae

微蕈甲科　Mycetaeidae

Eupsilobiidae 科

瓢虫科　Coccinellidae

* **大蕈甲总科**　Erotyloidea

澳洲蕈甲科　Boganiidae

大蕈甲科　Erotylidae

* **露尾甲总科**　Nitiduloidea

蜡斑甲科　Helotidae

姬蕈甲科　Sphindidae

原扁甲科　Protocucujidae

出尾扁甲科　Monotomidae

短翅花甲科　Kateretidae

露尾甲科　Nitidulidae

短甲科　Smicripidae

* **扁甲总科**　Cucujoidea

伪隐食甲科　Hobartiidae

隐食甲科　Cryptophagidae

锯谷盗科　Silvanidae

扁甲科　Cucujidae

皮扁甲科　Phloeostichidae

菌食甲科　Agapythidae

皮蕈甲科　Priasilphidae

凹颚甲科　Cavognathidae

拉扁甲科　Lamingtoniidae

塔甲科　Tasmosalpingidae

圆蕈甲科　Cyclaxyridae

隐颚扁甲科　Passandridae

澳扁甲科　Myraboliidae

姬花甲科　Phalacridae

姬扁甲科　Laemophloeidae

* **象甲总科**　Curculionoidea

Cimberididae 科

毛象甲科　Nemonychidae

长角象甲科　Anthribidae

矛象科　Belidae

卷叶象甲科　Attelabidae

柏象科　Caridae

三锥象甲科　Brentidae

象甲科　Curculionidae

* **叶甲总科**　Chrysomeloidea

盾天牛科　Oxypeltidae

暗天牛科　Vesperidae

瘦天牛科　Disteniidae

天牛科　Cerambycidae

距甲科　Megalopodidae

芽甲科　Orsodacnidae

叶甲科　Chrysomelidae

分类未定

多食亚目　Polyphaga

侏罗甲科　Jurodidae

FURTHER READING
延伸阅读

书籍

Arnett R H Jr, Thomas M C, eds. American Beetles: Archostemata, Myxophaga, Adephaga, Polyphaga: Staphyliniformia (Vol. 1)[M]. Boca Raton: CRC Press, 2000.

Arnett R H Jr, Thomas M C, Skelley P E, Frank J H, eds. American Beetles: Polyphaga: Scarabaeoidea through Curculionidae (Vol. 2)[M]. Boca Raton: CRC Press, 2002.

Beutel R G, Leschen R A B, eds. Handbook of Zoology: Arthropoda: Insecta. Coleoptera, Beetles. Morphology and Systematics. Archostemata, Adephaga, Myxophaga, and Polyphaga partim (Vol. 1, 2nd ed.)[M]. Berlin: Walter de Gruyter, 2016.

Leschen R A B, Beutel R G, Lawrence J F, eds. Handbook of Zoology. Arthropoda: Insecta. Coleoptera, Beetles. Morphology and Systematics (Phytophaga) (Vol. 2.)[M]. Berlin: Walter de Gruyter, 2010.

Leschen R A B, Beutel R G, eds. Handbook of Zoology. Arthropoda: Insecta. Coleoptera, Beetles. Morphology and Systematics (Elateroidea, Bostrichiformia, Cucujiformia partim) (Vol. 3.)[M]. Berlin: Walter de Gruyter, 2014.

Bouchard P, ed. The Book of Beetles: A Life-size Guide to Six Hundred of Nature's Gems[M]. Chicago: University of Chicago Press, 2014.

Cooter J, Barclay M V L. A Coleopterist's Handbook[M]. Middlesex: Amateur Entomologists' Society, 2005.

Evans A V, Bellamy C L. An Inordinate Fondness for Beetles[M]. Berkeley: University of California Press, 2000.

Lawrence J F, Ślipiński A. Australian Beetles: Morphology, Classification and Keys (Vol. 1.)[M]. Collingswood: CSIRO Publishing, 2013.

Lawrence J F, Ślipiński A. Australian Beetles: Archostemata, Myxophaga, Adephaga, Polyphaga (part) (Vol. 2.)[M]. Collingswood: CSIRO Publishing, 2019.

Marshall S. Beetles: The Natural History and Diversity of Coleoptera[M]. Richmond Hill: Firefly Books, 2018.

野外指南

Albouy V, Richard D. Guide Delachaux: Coléoptères d'Europe[M]. Paris: Delachaux et Niestlé, 2017.

Bosuang S, Chung A Y C, Chan C L. A Guide to Beetles of Borneo[M]. Kota Kinabalu: Natural History Publications (Borneo), 2017.

Evans A V. Beetles of Eastern North America[M]. Princeton: Princeton University Press, 2014.

Evans A V. Beetles of Western North America[M]. Princeton: Princeton University Press, 2021.

Hangay G, Zborowski P. A Guide to the Beetles of Australia[M]. Collingswood: CSIRO Publishing, 2010.

科学期刊

Bouchard P, Bousquet Y, Davies A E, Alonso Zarazaga M A, Lawrence J F, Lyal C H C, Newton A F, Reid C A M, Schmitt M, Ślipiński S A, Smith A B T. Family-group names in Coleoptera (Insecta)[J]. ZooKeys, 88 (April 2011): 1-972. https://doi.org/10.3897/zookeys.88.807.

Cai C, Tihelka E, Giacomelli M, Lawrence J F, Ślipiński A, R. Kundrata, Yamamoto S, Thayer M K, Newton A F, Leschen Richard A B, Gimmel M L, L ü L, Engel Michael S, Bouchard P, Huang D, Pisani D, Donoghue P C J. Integrated phylogenomics and fossil data illuminate the evolution of beetles[J]. Royal Society Open Science 9 (March 2022): 211771. https://doi.org/10.1098/rsos.211771.

Lawrence J F, Ślipiński A, Seago A E, Thayer M K, Newton A F, Marvaldi A E. Phylogeny of the Coleoptera based on morphological characters of adults and larvae[J]. Annales Zoologici, 61, no. 1 (March 2011): 1–217. https://doi.org/10.3161/000345411X576725.

网络资源

● 一般性参考资料
甲虫（鞘翅目）和鞘翅目昆虫学家

https://www.zin.ru/animalia/coleoptera/eng/ (accessed 11 July 2022)

生物多样性遗产图书馆（BHL）

biodiversitylibrary.org (accessed 11 July 2022)

甲虫指南

bugguide.net (accessed 11 July 2022)

鞘翅目

coleoptera.org (accessed 11 July 2022)

鞘翅目图集

http://www.coleoptera-atlas.com/ (accessed 11 July 2022)

自然主义者

inaturalist.org (accessed 11 July 2022)

过刊数据库（JSTOR）

jstor.org (accessed 11 July 2022)

生命之树鞘翅目项目

http://tolweb.org/coleoptera (accessed 11 July 2022)

● 珍稀濒危物种
世界自然保护联盟濒危物种红色名录

https://www.iucnredlist.org (accessed 11 July 2022)

自然探索家网站

explorer.natureserve.org/ (accessed 11 July 2022)

美国鱼类和野生动物管理局

fws.gov/Endangered/ (accessed 11 July 2022)

● 致力于甲虫研究的组织
鲍尔弗－布朗俱乐部

https://www.latissimus.org/?page_id=24 (accessed 11 July 2022)

鞘翅目昆虫学家

https://www.coleoptera.org.uk/coleopterist/home (accessed 11 July 2022)

鞘翅目昆虫学会

coleopsoc.org (accessed 11 July 2022)

日本鞘翅目学会（英文版）

http://kochugakkai.sakura.ne.jp/English/index2.html (accessed 11 July 2022)

维也纳鞘翅目学家协会

http://www.coleoptera.at/ (accessed 11 July 2022)

INDEX
索引

PICTURE CREDITS
图片版权信息

本书所有地图系作者原图，物种的分布范围均为大致范围，仅供参考。

本书已尽力联系图片的版权所有者，并获得授权。出版商对以上列表中的任何错误或遗漏深表歉意，如有更正，将在重印时修改，敬请知悉。